学会提问

— 고수의 질문법 —

[韩] 韩根太（한근태）◎著
王瑞 徐自强◎译

四川文艺出版社

图书在版编目（CIP）数据

学会提问 /（韩）韩根太著；王瑞，徐自强译．--
成都：四川文艺出版社，2020.11
ISBN 978-7-5411-5828-5

Ⅰ．①学… Ⅱ．①韩… ②王… ③徐… Ⅲ．①提问－言语交往－通俗读物 Ⅳ．① B842.5-49

中国版本图书馆 CIP 数据核字 (2020) 第 202531 号

版权登记号：图进字 21－2020－339 号

XUEHUI TIWEN

学会提问

[韩] 韩根太（한근태） 著
王瑞 徐自强 译

出品人	张庆宁
选题策划	北京斯坦威图书有限责任公司
编辑统筹	李佳铌 王 娇
责任编辑	柴子凡
封面设计	异一设计 QQ:164085572
责任校对	汪 平

出版发行	四川文艺出版社（成都市槐树街 2 号）
网 址	www.scwys.com
电 话	028－86259287（发行部）028－86259303（编辑部）
传 真	028－86259306

邮寄地址	成都市槐树街 2 号四川文艺出版社邮购部 610031		
印 刷	天津旭丰源印刷有限公司		
成品尺寸	147mm × 210mm	开 本	32 开
印 张	7	字 数	110 千字
版 次	2020 年 11 月第一版	印 次	2020 年 11 月第一次印刷
书 号	ISBN 978－7－5411－5828－5		
定 价	45.00 元		

序

你会提问吗？

美国前总统艾森豪威尔以擅长提问而闻名。他曾经有一次向在厨房干活的工作人员问道：“你怎么看待这份工作？”那位工作人员听后泪眼婆娑地说：“我在这里已经工作20年了，但是迄今都未曾有人问过我的意见。”

提问有三种类型：第一种是为了了解未知事物；第二种是虽然自己知道答案，但是为了引导对方思考；第三种是为了共同寻找彼此均不知晓的事物的答案。

这三类提问有一个共同点，即都有“意图”。提问中一定要包含发问者的意图。没有意图的提问即没有目的的提问，不可称之为提问，只不过是没有意义的自言自语罢了，就像在寒冬腊月时走出家门会不禁感慨“哎呀，真冷”一样。自言自语随便怎么说都没有关系，但是有意图的提问必须是在确切时机提出的内容恰当的言论。擅言辞者很多，然而只有擅长提问者才是真正的高手。

我特别喜欢一句有关提问的名言：不耻下问。即不因向地位、学问不如自己的人请教而羞耻。但是我想把这句话换成——耻于不问，即以不知而不问为耻的意思。如果觉得自己已经知道了就不会去提问；如果觉得自己不知道，并且真的有所不知而主动提出问题，这样的提问才会使我们成长。

但是在某一瞬间，人们突然不再提问。很多人在成年之后都不再问问题，尤其是成为某个领域的专家数年之后，似乎是所有不解都已消失，于是变得不怎么爱提问题了，反而认为自己不应该问别人，而是别人应该向自己请教。

在公司的高管会议上，我们常常能见到上述这种现象。高管会议聚集了公司各路“高手”，他们都没有疑惑，都自视为专家，因此很难提出问题。解决这一现象的最佳方法就是，偶尔让一些陌生人、业外人士，或者其他领域的专家列席会议，这样可以让会议更有活力。这些人会提出一些出人意料的问题，如“这项工作的本质是什么？”“开展这项工作核心是什么？”“为何要做这件事？”这样反而可能会有意外的收获。知道和误以为知道是不一样的。偶尔问问自己知道什么、不知道什么、知道的定义是什么，也是一种反思的方法。

做到擅于提问必须有一个前提条件，即谦逊。对于那些认为自己是最厉害的人而言，他们的脑袋里是不存在“提问”一词的。那样的人在未来只会走下坡路，因为他们已经自认为身居高位，哪里还能有上升的余地。

提问可以使我们的思想基础变得更加丰富，可以朝着新的上升征途更进一步。学会提问吧，提问是让我们成为真正高手的最重要的养分。

韩根太

2018 年 2 月

目　录 ›››

第一部分　自我赋能的提问

第二部分　拉近关系的提问

第三部分　优化工作能力的提问

第四部分　增强领导力的提问

第一部分

自我赋能的提问

我能客观地看待自己吗？

世界上最难之事莫过于客观地看待自己。如果一个人能够冷静透彻地认识自己，那么其本身就是一个伟大之人。

某企业总经理表示，自己的经营目标是实现员工的幸福，人生哲学是只有员工幸福，自己才会幸福，公司才能走得更远。说得真好！这目标看起来毫无瑕疵，而且他也努力去实现这一目标：公司员工不分职级、年龄，经常在一起吃饭聊天；公司一年之内还举行了多次与幸福有关的主题活动；实行弹性工作制；公司内设立公告栏，鼓励员工提意见。然而大家却并不幸福。于是，总经理问：

“我该怎么做大家才会幸福呢？我能帮你们做什么呢？”员工们一直沉默，无人回答。于是，总经理越强调幸福，员工们就越冷漠，反而觉得总经理不管不问就是在帮忙了。为什么会这样呢？

因为幸福不是别人能给予的，而是要自己去寻找。这位总经理总是说要给予员工不可能给予的东西，这在员工们看起来则非常尴尬。而且他总是坚持己见，虽嘴上说让员工们各抒己见，自己会仔细倾听，但是真当员工们表达想法时，他又不知不觉地独自拿起话筒，一一反驳员工们的意见。他曾经与员工开会讨论“究竟怎么做才会让大家感到幸福”，然而会议气氛一度尴尬。为幸福而开会根本不会带来幸福。当然，总经理绝非奇怪之人，他的用意是好的，只是没能看到员工眼中真正的自己。由此可见，有自知之明是多么不易。

曾经有新闻曝出一个富二代欺凌私人司机。据报道，这位富二代不仅嘴上嚷嚷着“别管红绿灯，我让你走你就走”“什么也别问”，甚至制定行为手册刁难司机。我不禁沉思：人怎么能这么做？那个富二代的行为似乎导致大家更加厌恶韩国的财阀。每当看到这类新闻，我就会产生无数疑问：人怎么会变成那样？父母或周围长辈难道没有教导他吗？那样的人怎么会成为董事长？在那种人手下工作的员工心情如何？他做董事长的公司未来会怎样？同时我对那种人的大脑思想也非常好奇：他如何看待自己？他会不会认为自己相当不错，而且很有领导力？他害怕什么？他在配偶和子女面前是怎样的一个人？对于强势之人他也会那么做吗？我能改变那种人吗？我们为此需要做什么呢？……

但是，有一件事是可以确定的，那种人觉得自己并不坏，可能会觉得自己只是运气不好才会发生那样的事。如果他真觉得自己有问题的话也就不会那么做了。

每个人都很难做到客观地了解自我，因此，如果能够充分认识现在的自己，你就会更加优秀。从这一点来说，能对自己有个正确认知则非常重要。

→审视自己的问题

- ● 你觉得自己是怎样的一个人？
- ○ 这样认为的根据是什么？
- ● 你现在的样子是自己真正所希望的吗？
- ○ 你从周围人口中经常听到的评价是什么？
- ● 你身边有跟你说逆耳忠言的人吗？如果有，他们都说了什么？
- ○ 如果有一个可以摧毁自己的致命缺点，你认为是什么？
- ● 如果要改正那个致命缺点，你认为自己需要怎么做？
- ○ 你害怕什么？
- ● 你所期望的未来的自己是怎样的？
- ○ 如果要改变自己，你希望如何改变？

我真的渴望改变吗?

我在健身房健身已经超过 5 年，每周至少单独健身 3 次，还跟着教练训练一次。如果因为旅游或者有别的事导致一周以上无法运动，我的身体就会变得沉重，头昏脑胀、浑身酸痛，整个人的状态会变差。这是身体给我发来信号，让我赶快起身运动。每次运动之后，我都浑身轻松，身体状态也逐渐好转，这就是为什么我必须坚持运动。运动已经成为我生活的一部分。

因为我经常去健身房，所以会员中有不少熟悉的面孔，其中有一位会员几乎与我同时开始健身。他说他一周健身两次，但不管是刚开始还是现在，我都看不出他的身体有什么变化，甚至有的时候好像还胖了。有一次，我问教练：“那个人坚持锻炼这么久，为什么身体没有什么改变？”教练听了说：“他忌谈饮食，每次一说起控制饮食，他就会表现得非常敏感。如果饮食不改，只靠运动，健身的效果是有限的。”

还有一位会员，健身经常中断。在健身房锻炼期间，她的身体变得非常苗条，但是隔段时间不去则又反弹回去。最近我又没见到她，我问教练为何如此，教练回答：“那位会员的注意力不够集中，在健身过程中也总是发短信、聊天。说白了，是她的个人习惯不太好，没有足够的睡眠时间、不合理调节饮食、也不怎么喝水。虽然我劝她改变生活习惯，但是她做不到。”

可即便如此，上述两人还是能坚持锻炼。有大部分人是几个月才去一次健身房，最后干脆和运动“断绝关系”了。

最近我遇到了一位叫李相元（音译）的人，他已经四十五六岁了，一直都是肥胖身材。他说是因为他的父亲在他小时候是冰激凌批发商，自己吃太多冰激凌导致的，他小时候的外号是“胖墩”。他也是经历了无数次

“三天打鱼，两天晒网”式的减肥。然而有一天听到儿子的碎碎念后，他决心要好好健身。此外他说我那本名叫《身体第一》的书也给了他很大的刺激。他定下的目标是：从 6 月到 12 月底，利用半年的时间进行健身，然后将成功塑形的照片作为脸书（Facebook）头像。当他真的努力健身，将头像照片上传到脸书后，大家沸腾了。许多人都来问他如何把身材打造成那样，于是他决定写一本书，分享自己的经验。所以他找到我，提议一起写书，我表示共同写书有点困难，但答应为他写推荐信。两个月时间，他就完成了书稿，通过我的介绍，他的《身体是一切》一书付梓。这是通过改变而实现的华丽转身。

“變（简体为‘变’）化”是什么？繁体字“變”是由表示联系言语之意的“䜌”和表示敲打之意的“攵”结合而成，即同样的话要反复推敲琢磨，这也暗示改变并不容易。我所认为的变化的定义是：为得到自己渴求的东西，宁愿承受巨大痛苦去培养新的习惯。这个词的核心要义有三：渴望、承受痛苦、新的习惯，缺少其中任何一个要素都难以产生变化。所以为了改变，我们需要向自己提出以下问题，以瘦身为例：

第一个问题是：我真的迫切想要一个苗条的身材吗？然而，大部分人并没有那么渴望，很多人对“改变”的渴望通常来自短暂的内心冲动。为何那些中年大叔即使大腹便便也不愿意运动呢？因为他们觉得现在自己的身材还凑合，所以对他们来说，要改变身材的意愿并不迫切。于是，他们在第一轮的问题筛选中就被淘汰了。

那好！我们就当渴求改变的愿望十分迫切，那抛出下一个问题：我能承受痛苦吗？

所有事情都有代价，完美的身材绝不会让你空手白得，这需要我们付出心血和汗水。人们大多都是想要完美的身材却不愿经历痛苦，于是会去寻找轻松无痛的方法，这就出现了许多人依靠抽脂或偏方来减肥。当然这种方法会有副作用，并且极有可能会反弹。在改变的过程中，第二个问题最难，也最重要。即使一辈子讨厌自己的工作却依然照常上班的人就是如此，他们虽然想跳槽，但是不想承担由此带来的痛苦（工资的削减、出现错误的风险、离职带来的不确定性）。

最后一个问题是：我能养成新的生活习惯吗？事实

上，光靠运动很难减肥。再怎么出汗，也不过消耗300多卡路里，而这种程度的消耗，如果多吃一碗饭就会前功尽弃。尽管如此，运动和养生为什么如此重要呢？因为只要坚持做某件事，我们的体质就会改变。随着肌肉的增加，代谢量也随之增加；如果坚持不吃对身体有害的食物，以后自然而然就会不再吃这类食物。李相元先生曾说，他在减肥的六个月期间一直想吃泡面、比萨、肥肠、砂锅饭之类的东西，但是一直强忍着，打算等到目标达成之后再开怀大吃。可是奇怪的是，当目标实现后，他说原先那么想吃的东西并没有勾起他的食欲。这是因为他的体质改变了，养成了新的习惯。

所有幼虫都想蜕变成蝶，但是为了变成蝴蝶需要做什么呢？翠娜•鲍路斯（Trina Paulus）的《花盼》（*Hope For The Flowers*）一书中有这样一幕：

> 一只金凤蝶幼虫问：“如果决定成为蝴蝶，我需要做什么呢？”黄蝶幼虫回答说：“你看我！我现在正在织茧，看似是为了躲藏起来，但这茧绝不是我的藏身之地，它只是我蜕变期间的临时住所而

已。织茧是一个重要的阶段，因为一旦进入茧中，我就不能再回到幼虫生活了。在蜕变期间，从茧壳外面看似乎什么事都没有发生，但是我已经在茧内逐渐成蝶，只是需要时间而已。”

为了改变，必须提出以下问题：

第一，

我真的渴望改变吗？

第二，

我能承受痛苦吗？

第三，

我能养成新的生活习惯吗？

→实现改变的问题

- ● 你现在想改变吗?
- ○ 你有迫切改变的动机吗?
- ● 你想改变什么?
- ○ 改变的必要条件是什么?
- ● 为了改变，你需要付出怎样的代价?
- ○ 现在是改变的最佳时机吗?
- ● 不管是自身还是周围，预计在改变的过程中会有怎样的阻碍?
- ○ 通过改变能得到什么?
- ● 若改变失败，你会失去什么?
- ○ 有谁可以帮助你改变?
- ● 为了改变，你要做的第一件事是什么?

你有目标吗？

人可以分为两类：有目标的和没有目标的。我一直把写新主题的书作为重要目标。我曾一度沉浸于“再定义、反语、比喻、词源”等主题，努力收集信息，整理思路，伏案写作，最终完成书稿*。写了几本书后，我觉得自己应该休息一段时间，于是无所事事了几个月。这几个月，我只做赶上门的、必须要做的事，并不会给自己树立目标或者主动找事情做。当时因为天气炎热，以及女儿回

---

*作者著有《韩根太的再定义词典》《再定义》《反语的反语》等书。——译者注

来生孩子的暂时小住都给我提供了闲下来的理由。

这样一来，我觉得日子都变长了。早上醒来也想不出有什么事要做，整个人失去了活力，总是产生消极的想法。于是我决定写一本有关“提问”的书，在定下目标后便开始写作。目标确立之后，我感到自己的生活发生了很大变化。

有一天，某保险公司负责人邀请我就目标的重要性做专题讲座。该公司上一年将所有员工都转为个体经营者，没有固定工资，挣多少得多少。虽然听起来没什么问题，但是对于当事人来说，这一决定却如同海啸。那位负责人说，此事导致许多中层管理者都离开了公司，但是那些成功转型的人都得到了比去年更多的薪资。他认为，公司现在正处于转型过程中，因此，公司员工更需要对目标有新的认识。

目标是什么？目标就像导航仪一样，我们开车的时候，最先打开导航，设定目的地，之后导航就会自动把我们引导至目的地。如果没有目标，就如同车辆启动后，却不知道要去哪儿一样，当然难有建树。同样，如果人生没有目标就会顺其自然，得过且过。英语中有这样一个单词，叫“disaster（灾难）”，从这个单词的词源来看，由意为“消失”的“dis”和意为“星星”的“aster”组成，即星星消失就是灾难。过去没有指南针，航海的时候是依靠北极星确定方向，如果乌云密布或者雨水倾盆，就看不到星星，这的确是灾难。没有目标，其本身就已经埋下了悲剧的种子。

目标为何重要？因为目标是最好的激励手段。人没有目标，就会变懒，就没有起床的理由；而有了目标，你就会一骨碌爬起来，坐在书桌前。没有目标，就容易动摇、彷徨；而有了目标，你就会毫不动摇地为了目标而奋斗。目标使人成长。目标就像抗病毒疫苗一样，即使我们周围负面信息泛滥，但是只要我们目标明确，就不会被动摇，因为目标可以保护我们。

另外，目标可以激发潜力。大部分人都是没有目标，浑浑噩噩地过日子。日复一日，就会迷失自己，不知道自己的好恶，也不清楚自己拥有什么潜力。我所认为的成功，就是把自己的潜力发挥到极致，但是潜力只有在你实现艰难目标的过程中才会发挥出来。如果没有目标，我们的潜力当然无法被唤醒。

有位好久不见的朋友告诉我，她想开一家服装店，这让我深感意外，因为她平时对衣服和时尚并不感兴趣。满怀好奇的我向她提了许多问题。我问她为什么要开服装店，她说孩子也老大不小了，正好自己对衣服感兴趣，看到一个好朋友开了一家服装店，受到了激励。我问这是不是全部理由，她说其实是想多赚点钱，之前做这做那，但都是打零工，对家里的经济状况起不到什么帮助。我还就开服装店的经济能力和专业性向她提出了质疑。此外，我还问她是否能抽出时间，或是针对哪些顾客群体销售什么类型的衣服。如此一番问答后，她下了结论："我虽然很想开一家服装店，但是好像还没准备好，我还要准备更多的本钱，去学习服装知识，还得研究市场。"

现在大家都有什么目标？为了实现目标正在做哪些努力？请问问自己吧！

目标，

是最好的激励手段。

有了目标，

你就会一骨碌爬起来，坐在书桌前。

没有目标，

就容易动摇、彷徨。

目标，

使人成长。

→实现目标的问题

- ● 你有制定目标并取得相应成就的经历吗？
- ○ 如果迄今为止一直未能实现目标的话，你认为原因是什么呢？
- ● 要克服迄今为止的失败，你最先需要做什么？
- ○ 现在你的目标是什么？
- ● 要想在实现目标的过程中不会再次失败，你认为这次需要做出怎样的改变呢？
- ○ 你认为好的目标是什么？
- ● 你认为现在的目标在你人生中起到怎样的重要作用呢？
- ○ 如果不是以现在，而是以整个人生为基准，你的最终目标是什么？

你现在被束缚在哪里？

网络营销公司的产品发布会看起来总是非常热闹和华丽。人们打扮得像明星一样，现场的灯光辉煌夺目、音响声震耳欲聋。每当介绍某人出场时，现场便会掌声如雷。因为公司员工们知道，活动的成功就是自己的成功，所以他们对自家产品有着近乎宗教信仰般的信赖，一般都只使用本公司的产品。他们经常见面的人也主要是公司同事，聊天的话题也几乎与工作有关。与外部人士见面时，也常常因为一有机会就夸耀公司或怂恿他人加入自己公司而遭人嫌弃。

对自己的公司和产品感到自豪是值得夸奖的，以公司主人翁而非员工的姿态工作也值得鼓励，因为这可以提高员工的主观能动性，并促使他们进行自我激励。但是有一点需要警惕，那就是这样会导致观点固化现象。只以公司内部人士的视角来观察和判断一切的倾向越来越强烈：“我们公司是最棒的！世界上没有比我们更好的产品了。”这种想法真的很危险。我对那些形成观点固化的人提出这样的建议：请大家不要太相信自己的眼睛，这个世界上最不能相信的，就是我们自己的眼睛和观点。大家狂热推崇自己公司的产品，本质是好的，但是不能把这种观点强加于他人。要经常站在外人的角度，冷静、客观地看待公司和产品，这样才能让公司得以持续发展。

如果在特定公司、特定部门工作30年以上，就很难摆脱部门或公司的立场去进行思考，也无法站在顾客的角度看待问题，这就是观点固化。虽然嘴上说首先为顾客着想，但是真的用顾客的眼光来判断自己的产品和服务并非易事。教师也是如此，他们几十年来都按照既定的教学内容和计划授课，长此以往，也就很难站在学生的立场上看待课程，也很难判断自己所教授的内容在实际教学中是如何被学生接受的。教师们在整齐划一的教学和评价观点指导下授课，被以学校、课本、教学为中心的框架所束缚，其实就是被自己的观点所束缚。

那么大家都以什么样的观点看待世界呢？是用灵活多样的观点，还是只用一种观点去观察和判断一切呢？世界上的观点没有好坏之分，只有僵硬和灵活之别、一种和多种之异。既然如此，我们的观点最好灵活多样。如果一个人能够自由改变观点，他的生活就会充满活力。孩子和诗人就是这样，尤其是诗人，他们是一群观点非常灵活的人。他们能够摆脱自己观点的束缚，站在事物本身的立场上看待世界。

从安道贤《问君》这首诗便可看出：

> 不要乱踢煤灰
>
> 你又何曾是他人生命里的温热

我至今从来没有站在煤灰的立场上看待过世界，但是安道贤却做到了。

伟大的发明也往往源于观点的转变。“研究天体的哥白尼固定地球模型，不管怎么转动太阳模型也无法得出答案，于是他固定太阳，转动地球，最终得到了想要的答案。这是著名的哥白尼‘日心说’的开始，也是一场革命。”上述这段话来自徐正旭的《多虑的哲学家和地球生存之道》。

好问题的类型之一是能够让人转换视角。这种问题可以让人突破利己想法，思考对方需要什么；让被装在套子里的人解放出来思考；让只站在员工立场上思考的人，站在公司主人翁的立场上思考；让那些只为自己部门着想的人，从公司的角度而不是部门的角度思考；让大人和孩子、总统和人民换位思考。请大家自己思考一下，究竟提出什么问题可以改变他人的观点。

站在未来，向现在的自己提问

我们一生要做而且必须得做很多决定：是继续学习还是准备就业？什么时候去服兵役（韩国 20~28 岁的男性公民必须服兵役）？要不要和现在的对象结婚？结婚之后是立刻要小孩，还是再享受一下新婚的甜蜜生活、攒点钱？要继续在这家公司上班，还是考虑离职？是一辈子靠打工生活，还是自己创业？是帮助陷入困境的兄弟，还是装作不知道？可以毫不夸张地说，人生就是无数决定的连续。

大家在这样重大的人生十字路口会问自己什么问题呢？怎样才能做出正确的决定呢？这种情况下，有一个很好的方法，那就是拨动时间轴。我们总是在现在的时间维度里思考问题并做决定，然而大部分决定虽然是基于现在的时间所做，但却会产生长远的影响。当我们因错误决定而感到后悔时，往往已无法挽回。为防止这种情况的发生，最好的方法就是来回“拨动”时间轴，从未来的角度看待现在的决定。

最具代表性的就是关于结婚的决定。我有一个朋友受邀赴国外担任教授，因为结婚问题来找我咨询。他是一个非常具有挑战精神的人，相比现在的生活方式，他更愿意在新的地方开始新的工作。所以他多次跳槽，继续学业，直至获聘教授。当我问他“有什么烦恼”时，他说自己不确定与现在一直交往的女朋友结婚是否正确。听他说完后，我发现他的女朋友太过依赖他，总是嘟嘟囔囔地抱怨：“我不想出国。你一定要去国外工作吗？那你在外工作期间我怎么办？”

于是我问他：“你所认为的婚姻是什么样子的？结婚的目的是什么？”他回答说：“婚姻是相爱的两个人共同迎接不确定的未来，彼此取长补短，共同创造美好的明天。”说得真好！我又问他：“那你和现在的女朋友在一起，能创造出那样的未来吗？你的女朋友结婚之后会展现出新的一面吗？”他想了半天回答说并不容易，我也就没再说别的。之后，听说他与女朋友分手，独自一人去了国外，不久后与另外一个能够更好地相互理解的女性结了婚。

生孩子也是如此。大家不愿生孩子的问题也不是一天两天的事了，每个人都有各种理由，所以我不会硬要劝说那些不愿生孩子的人。但是关于生育问题的决定是否恰当，正是需要站在未来的角度来反思的。“到了花甲之年，是否不后悔没有生孩子？”那些说不生孩子的人大多找的是现在的理由，诸如“为了多存点钱”“没有合适的照看孩子的人”“只想享受两个人的人生”等。

但是未来充满变数。有的人说等未来某一天条件具备了再生孩子，但那一天可能永远不会到来；还有人下定决心说要生孩子，但也未必遂人愿。经济方面的理由也是如此。有人说现在生活困难，但十年后未必不会如此。尤其是假定三十年后，当你到了花甲之年，站在那个时候考虑现在的决定，那时你是否仍有信心说：“确实，当时不生孩子真是一个高明的决定。”

关于向前拨动时间轴的最佳问题就是死亡相关话题。临近死亡的时候该如何评价自己的一生？毕马威（KPMG）董事长尤金·奥凯利（Eugene O'Kelly）在一次定期体检中被下了死亡通牒，医生在他的大脑中发现肿瘤，宣布他最多只能活九十天。如果大家收到这样的通知，在九十天内会做什么？和谁共度时光？想要对谁说出那句“我爱你”？想在哪里度过生命的最后一刻？尤金·奥凯利决定用日记的形式记录生命的最后九十天，于是写下来《追逐日光》（*Chasing Daylight*）一书。

人们总是如流水般挥霍时间，贪求永生，欲壑难填。你是否觉得人生无趣没意义？那么请问问自己：如果你的生命只剩下三年时间，你自己将会做什么？如此一来，很多事情都会变得不一样。抑或可以尝试撰写自己的死亡报道。如果今天要撰写自己的死亡报道，你希望写些什么内容？

大家经常问自己什么问题呢？我经常问自己关于死亡的问题：如何与世界告别？能说现在纵死不悔吗？那样我的想法就不一样了，行动也会因此改变。我所思索的终极问题之一就是关于向前拨动时间轴的问题，即未来的自己会如何看待现在的决定。这一提问方法对面临困难抉择的人非常有效。

生育问题正是需要我们站在未来的角度，

来反思现在的决定是否恰当。

“到了花甲之年，

是否不后悔没有生孩子？”

那时是否仍有信心说：

“确实，不生孩子，

真是一个高明的决定。”

提出问题比回答问题更难

你认为读研究生的最大问题是什么？是研究生资格考试？是课程作业？还是写论文？这三者中哪一个？我原以为课程作业和资格考试较难，写论文相对比较容易，但其实却不是这样，资格考试和课程作业反而更简单，因为只要回答别人提出的问题就行。我们对此早已习以为常，而论文从选定主题开始就是一大难题。

论文中最难的部分是确定主题。不管我等多久，导师都不会告诉我论文主题是什么。我感到十分郁闷，于是去问导师该写什么主题的论文。我原以为导师会指导我说“你写这个或那个主题吧”，然而并非如此。导师说：

“这个你为什么问我呢？应该是你想出来后告诉我吧。”接着又反问道，“平时你对哪方面感兴趣呢？难道你就没有想写的主题吗？”我听完真的慌了。

人生似乎也是这样。人生的主题由谁来定？谁会告诉你该如何生活、要面临的问题是什么？人生其实也可以比作写论文。经过确定主题、提出假设、论证、修改这些过程后，才能完成论文，其中尤其是主题，需要自己来确定。我所想的论文主题就是定义我想要的人生，即思考我是怎样的一个人，我想要过怎样的生活。那么自然而然就明确了我要做的事情，在这一过程中，其他问题也会显现出来。

你现在有什么问题呢？大部分人都会回答说没有什么问题。难道他们真的没有问题吗？不是的。他们最大的问题就是“不知道什么是问题”。生活给我们出题，并不要求我们何时解出，我们应当自觉地提出问题并回答问题。解答问题并不困难，难的是提出问题。如果能够提出问题，明确知道自己的问题是什么，那么剩下的问题就不会是问题。

→关于解决问题的提问

- ● 你现在有什么问题？
- ○ 如果你有诸多问题，那你最先需要解决的是什么？如果要安排一个解决问题的先后顺序，你会怎么排？
- ● 你现在因为自己的问题遇到了什么困难？
- ○ 如果对那个问题置若罔闻也不影响生活吗？
- ● 为了解决问题，你进行了怎样的努力？
- ○ 如果解决问题失败了，你认为原因何在？
- ● 如果不想重蹈覆辙，你认为应该怎么做？
- ○ 你的习惯中最妨碍解决问题的是什么？又需要什么习惯？

质疑是理所当然的

几年前，为了祭奠已故的父亲，我去了大田显忠院（韩国国家公墓）。父亲是在5月中旬的佛诞节去世，因此每到这时我们都会去显忠院祭祀。此时正值黄金假期，游客应当络绎不绝，我们都不太想去，但是母亲却极力主张说：“路堵得水泄不通大家不也去吗，我们走吧！”所以没有办法，只能同去。

星期天一大早，我们就出发了，但是高速公路入口处早已被堵得水泄不通，感觉有点出师不利。我们又看了一眼交通信息，发现几十公里外已经堵塞，而且没有好转的可能。原本和其他兄弟姐妹约好10点左右在显忠院见面，但只有从大邱过来的大姐准时到达，我迟到了两个多小时。弟弟说要抄近道，结果比我还多花了一个小时。整个行程一团糟，最后，我拖着筋疲力尽的身体回到了首尔。

我非常讨厌堵车，所以堵车的时候我不愿意去任何地方。平时母亲对我这样的态度非常看不顺眼，总说："怎么别人都能出行，就你特别？不想堵车你在韩国就待不了。"可那天显忠院之行后，母亲的态度大转，因为她亲自经历之后，发现堵车并不是闹着玩的。

8 月初，全国迎来休假。众多企业在此前后休业，大企业工厂停工，与之相关行业的从业者也相继停工休息。我还在大企业上班的时候，那会儿不得不休假，我非常不喜欢这种状态。

我似乎有天生的"青蛙"气质 *。对于别人都去做的事，我反而不想做；对于别人都狂热追求的东西，我持怀疑态度；别人都去玩的时候我不去，别人不想去玩的时候我却想去。大家都认为，差别化在企业经营中真的

---

* 韩语里形容不听话，你说东，他往西。——译者注

很重要，但是对于自己的生活，却似乎并没有考虑差别化。我喜欢和别人不一样，想过和别人不一样的生活，那样才有趣，生活质量才会提高。

现在我也是这样生活：别人上班的时候我下班；别人工作的时候我休息，别人休息的时候我工作；别人都看的电影我不想看，别人不看的电影我却想看；甚至连2002年韩日世界杯我也没好好看。首先是因为我一看比赛，我支持的球队就会输球的魔咒；其次是因为我也不想提心吊胆地看两个小时比赛。反正就算我看了也不会赢，所以也没必要把我的时间搭进去，我更想利用那个时间看看书。思考问题也是如此，我总是对别人认为理所当然的事抱有怀疑的态度。

在咨询讲座中，差别化尤其重要。只有与众不同的想法才会更具感召力。我不想说一些尽人皆知、众口一词的事，那种老套的话根本无法打动听众，所以我总是习惯性地站在传统观念的对立面思考。在讲课过程中，我经常提这样一个问题："我们努力工作得到的最大回报是什么？"学生们往往会回答是金钱、自我实现、赞美、奖励等等。然后我会反问："我想要的是这样的回答吗？"

学生们都用诧异的眼神看着我。我神情自若，继续说：“努力工作的最大回报就是可以获得另一个任务，就是一直有事可做。”大家都很惊讶，因为我的答案虽出乎意料，但却十分在理。

我接着说：“请大家想一想，在所有员工中，哪一个员工会被布置工作呢？对于整日懒散、经常旷工的员工来说，领导不会给他分派任务；反而是行动干脆、为人靠谱的员工才会被派活。那么必定会导致一个人忙碌，另一个人清闲。是不是觉得很不公平？短期看是这样，但是从长远来看，活多的人更加有利。因为他在工作的过程中可以更快掌握做事的方法。”当我想起问题时，总会考虑脱口而出的回答和尚未想到的答案各是什么。

好问题的类型之一就是有违传统观念的问题，是对于他人认为理所当然、应当接受的东西打一个问号。例如，孔子说“四十而不惑，五十而知天命，六十而耳顺”，意思是人到了四十岁遇事能明辨不疑、不为诱惑所动，五十岁就能知天意，六十岁就能听进各种不同的意见。大家怎么看待这句话呢？我认为这句话孔子是想反着说：人怎么到了四十岁就能不为诱惑所动呢？四十岁是最容易受到诱惑的年纪，所以不惑难道不是指要更加小心吗？同样如此，即使到了五十岁也绝不可能知道天意，而且越是上了年纪就越听不进别人的话，所以孔子应该是为了让人警惕这一点才这么说。当然，这句话没有正确答案，纯粹是我的个人想法。

下面再介绍几个我常常思考的、有违传统观念的问题。俗话说："夫妻吵架如刀割水。"真的是这样吗？绝对不是。吵架只会伤人，因此夫妻之间最好不要吵架。我一辈子都没有和我夫人吵过架，就这样幸福美满地生活了三十五年。半岛统一问题也是如此。魁北克、苏格兰、加泰罗尼亚等地区总是闹着要独立。我们为什么要统一呢？就那么需要统一吗？统一后得到的是什么、失去的又是什么呢？

创新总是来源于对传统观念的反抗，总是在质疑他人理所当然的想法中产生。大家认为理所当然的是什么呢？试着质疑它吧！说不定就会让你打开新的世界，但是这谁又知道呢？

提问要有知识储备

我们周围的很多人总是忧虑重重。他们尚且年轻，却面临公司重组的压力。他们当然知道自己的问题，但是他们当中的大多数人只是担忧却并不去努力想办法解决问题，并且总是回避谈及问题。他们为消除忧虑而做的唯一的事情就是去寻找相似之人，和那些已经辞职或将要辞职的人来往。他们认为和这些人交往会有所“收获”，因得知并非只有自己面临这种困境而感到安慰。他们发现，随着经济萧条、国际形势风云突变，许多人都面临类似问题，与其独自承担，不如抱团取暖，因此带来些许慰藉。运气好的话，没准会发现一个情况比自己还糟糕的人，于是会产生一种“至少我比他还强点”的想法，而又可以舒舒心心地过几天。

他们最大的问题是，除了当前自己所做的工作之外，对其他事情漠不关心、兴味索然，当然也不会有好奇心，不会产生疑问，因而也没有进步的机会。他们的思想水平停留在毕业后刚工作的状态中。每天和水平差不多的人一起吃饭、爬山，思想也停滞不前，更不可能有任何进步。那么什么时候会进步呢？只有在学习新知的时候会取得进步。学习会让人产生好奇心，然后有了疑问，进而为了寻找答案而不断探究，这样我们才会进步。世界上最危险的事莫过于安于现状、故步自封。有些人认为如此这般即可，于是就停下继续学习的脚步。所以从这个角度来说，那些获得博士学位就不再学习的人，成功就业后就认为自己的事情结束的人，以及将通过律师资格考试视为人生目标的人都是危险的，因为他们在实现目标的瞬间就失去了生活的意义。

我喜欢说话投机的人；喜欢有各种话题的人；喜欢有好奇心、擅提问的人；喜欢对自己现在所做的事有洞察力并不断学习的人；喜欢关心对方、嘘寒问暖，并在此过程中产生化学反应的人。相反，我不喜欢与没有疑问、失去好奇心的人交谈；也不喜欢背后嚼舌根的人；不喜欢有人和我大谈特谈八竿子都打不着的人和故事；也不喜欢长时间聊政客和明星的话题。一听到这些，我就觉得他们不是有话要说才聊天，而是为了聊天去找一些无关紧要的谈资。我最讨厌的是没有好奇心、不提问、只聊自己事情的人。

可是他们为什么不提问呢？为什么他们没有好奇心呢？因为他们不学习，知之甚少。如果对什么都一无所知，当然不会有问题。提问得基于一定的知识储备。为了缩小已知和未知之间的鸿沟就会让人产生疑问，好奇心也是如此。从来都不读书看报的人是不会有好奇心的。心理学家丹尼尔·波莱因（Daniel Berlyne）认为："好奇心是由知识产生的，同时因缺乏知识而被激发。如果人们接触到的某种信息，刺激到自己的未知领域，就会激发想要了解的欲望。当你对某个主题有所了解时，就会发现关于这个主题还有很多不知道的东西，这样会产生缩小差距的欲望。就像大脑会对音乐中的不和谐音符有所反应一样，科学的好奇心来自知识的漏洞和鸿沟。"

一言以蔽之，要想产生好奇心，就需要具备与之相关的、一定程度的知识。如果目不识丁，则不可能产生好奇心和疑问。

为什么活着很累？因为无法适应瞬息万变的世界，仅凭微不足道的知识在这个世界是很难生存下去的。解决办法只有一个，那就是通过学习去了解变化莫测的世界、认清自己。我们应当博览群书、广交不同领域的英杰、不断学习新知，应当主动探索已知和未知之间的鸿沟，应当有缩小差距的冲动。这就是好奇心，有了好奇心才能提出问题。

如果一无所知，当然不会有问题。

提问也得基于一定的

知识储备。

为了缩小已知

和未知之间的

鸿沟，

就会产生疑问。

我经常提的问题

思而学，学必疑，疑则问。读书、听讲座或与人交谈亦是如此。相反，若不学习，则无好奇，亦不会发现问题。随着年龄的增长，我愈发喜欢学习。我写这本书也是出于对“提问”有诸多不明之处：究竟提什么问题才会行之有效？别人都提什么问题？同时，我也总结了一些我经常问的问题，整理如下：

第一个问题：“你说什么？那是什么意思？你再说一遍吧！”尤其是我在与家人聊天的时候会这么提问。我有两个女儿，这样的家庭环境决定我只能经常和女性聊天。女人们总是聊很多她们之间发生的事情，当然也会和我分享很多我所不知道的事。她们感兴趣的领域不尽相同，会交流很多有关化妆品、电视剧、明星的话题。她们擅于察言观色，光靠眼神就可交流很多信息。相反，我天生语言理解能力就不强，注意力也不够集中，因此和她们聊天时总会有很多不理解的地方。不过我不喜欢不懂装懂或者就此跳过，所以一定要再问一遍："那是什么意思？你说什么？你再说一遍吧！"妻子便取笑道："你听话不听音，是怎么给别人提供指导和咨询的？"不过，她之后会再给我解释一遍。

对此我也很诧异，因为在工作交流时，我并没有听不懂别人的意思，但奇怪的是，和家人聊天的时候，我的理解力似乎会下降，可能是因为状态比较放松不够紧张，但我并不清楚确切的原因。重要的是，不懂的、不理解的地方一定要再问一次，尤其在工作中更要如此。工作中出现沟通问题，很明显是因为不理解对方的意思却又不问清楚。事实上，为了减少沟通成本，最应该提出旨在明确对方意见的问题，如"为什么那样呢？""这句话对吗？""您能再清楚地说一遍吗？"

第二个问题："那是什么意思？核心是什么？为什么

那样？”我有很多疑问，并且也忍不住好奇。有一次，我去 GS 加德士（GS Caltex）讲课，就问对方员工，公司名字为什么是“GS 加德士（GS Caltex）”。我这才了解到，加德士是美国加利福尼亚的加州标准石油公司（Standard Oil of California）和得克萨斯州的得克萨斯石油公司（The Texas Company）为减少进军中东的风险共同出资设立的，名称即源于这两家公司名字的组合。1967 年，加德士和韩国的乐喜金星化工集团（LG 的前身）成立合资公司，即韩国湖南炼制有限公司。于是，通过这次提问我获得了一个新的知识。

在与他人聊天时，我经常提的问题是“你的核心是什么？”这时人们才开始思考自己的所见、所闻和已知事实。因为推荐好书是我的一项工作，所以我在看书的时候总是问自己这个问题；听了某人的讲座，不能完全理解清楚时我也会这样提问；当某人大谈特谈自己的个人主张时，我也是如此提问。于是话者和听者都会整理自己的想法。学习中最重要的能力是总结，即提炼核心的能力。

第三个问题：“如果是我，该怎么做？”以前我总是牢骚满腹，遇到一点事，就会愤愤不平、怒气冲冲，但那样对我并无益处。如果我真正发火的对象并不知道我生气的话，那就只有我一个人的心情变糟糕。直到有一天，我不再大发雷霆，而是问自己："如果我是那个人，我会怎么做？"这样一来，我就能更加理解对方，也容易产生新的想法，并且获益匪浅。人们通常都会骂公司和老板，这时我会反向思考："如果我是老板，该如何解决这个问题？"每每遇事，不要再责备他人，而是试着问问自己："如果是我，该如何解决这个问题？"这样就能增进对对方的理解，所获亦颇丰。

第四个问题："得与失是什么？"人生之事都是"塞翁失马"，看似是好事但也可能成为不幸的诱因，相反，悲剧也可能转化为幸运，这是万古不变的真理。工作中，有很多人带着各种问题来找我。有一次，一个跨国公司的 HR 高管来找我倾诉烦恼。她说，上司想提拔她为非洲地区业务负责人，但她不知道该如何是好。虽然升职和新的变化看起来很好，但她可能因为自己是女性且未婚，所以感到害怕。于是我问她："你从那份工作中能得到什么、失去什么？"这个问题在你要做决定时，尤其有效。在做决定之前，制定一份得失的"收支对照表"

就能使一切都变得明朗。对于快速晋升或突发横财的人，我会问他因为这件事有没有失去什么；对于升职落空或遭遇困境的人，我会问他因为这件事有没有得到什么。如果我们能从相反的角度提问，就可能会产生意外的洞察力。

第五个问题：“真正重要的是什么？为什么要做这件事？”也就是提问目的和意义。我经常对经营企业以及寻求变化的人提出这一问题。令人意外的是，很多人都无法准确回答。有一次，我向一个通过兼并实现自身业务大幅扩张的人提了这个问题，他回答说：“怎么说呢，虽然原来的公司不错，但是我喜欢通过收购经营不善而亏损的公司来提高自己公司的价值。还有一点就是，公司不是越大越有面儿吗。”他回答得很坦率，但是我总觉得有点不足。对于生活而言，这也是最重要的问题，即思考为什么要做这件事、人生的真谛在哪儿，并做与之相符的事。还有什么比这更重要的吗?

只有养成提问的习惯，我们的一生才能有所收获。大家都主要提什么问题呢？我想知道大家经常提的问题都是什么。

重新定义问题

有时我会收到来自客户有关企业文化的咨询，比如：“总经理想改变企业文化，所以成立了专门小组，我是组长，该怎么办呢？请您给点建议！”我首先提了个问题：“企业文化的确切定义是什么呢？”于是他就进行了解释：“企业文化是通过行动所体现的员工默认的价值观。归根结底，企业文化就是员工一起工作并取得成果。如果不改变企业文化，企业就不会有变化。”然后，我又问了下一个问题：“可是，为什么你认为已经形成了这种企业文化呢？你觉得可以改变企业文化吗？”

我对改变企业文化持否定态度。虽然只要投入大量的成本和时间，总有一天会改变，但是性价比很低。我所认为的企业文化是老板性格和价值观的扩大。三星（Samsung）的企业文化是创始人李秉喆性格的扩张；现代（Hyundai）的企业文化是创始人郑周永价值观的直接投射。如何改变这样的企业文化呢？显然并非易事。无论做什么事，最先应当问问它的确切含义。这是一个明确“再定义”的问题。

人们经常不假思索地说“我受伤了”。每当听到这句话，我都不禁疑惑：“我受伤了”这句话的准确定义是什么？造成伤害的人是否意识到这一事实？那个人是否是为了故意伤害他人而说出那样的话、做出那样的行为？是不是误解了那个人出于善意而说的话？总是到处声称自己受伤的人，是否是给他人带来最多伤害的人？同样的话，有的人听了毫不在意，有的人听了却很受伤，这是为什么？

受伤意味着内心已经有了创伤，内心的脆弱、不足和自卑被他人的言行戳穿。其实，他人的言语并没有问题，根源在于自己内心的自卑感。“容易受伤”是指器物易碎、内在自我容易受伤，也就是已经做好了受伤的充分准备。

这就是我所认为的受伤的定义。如果觉得自己因为他人的言行而受到了伤害，那么问问自己是不是已经在内心刻下了伤痕。

很多人渴望得到认可。为了得到别人的肯定，他们不仅热衷于在社交网站上传照片和文章，而且无时无刻不在脸书上给别人点赞。大家觉得“認可（简体字为‘认可’）”的定义是什么？“認可”的“認”字，拆开来看，它是由“言”和“忍”组合而成，意思是“忍住说话”，即忍住自己想说的话，倾听别人的言语。那样就能了解他人，理解他人的情况，就会思忖：“原来如此。竟然有这回事，差点就误会了！”相识则会相知，相知则会认同。换句话说，所谓“认可”，就是少说自己想说的话，多听对方的话；就是自己低调行事以凸显他人，这样我们就会让对方充满信心。这就是我所认为的“认可”的定义。

最好的问题就是再次询问有关概念定义的问题，就是仔细考虑它的准确意义究竟是什么，就是明确自己的、而非他人所下的定义。如果是一名企业管理者，则应能说明什么是管理；渴求成功的人应能准确描绘自己心目中成功的样子；梦想成为富翁的人也是如此，应当能够说明什么是金钱，什么是富翁。

大家所烦恼的问题是什么？为了解决烦恼，首要的是对这个问题做出自己的定义。健康如此，婚姻如此，自由亦如此。重新定义能使我们的思想更自由。

受伤意味着内心已经有了创伤，

内心的脆弱、不足和自卑

被他人的言行戳穿。

是否觉得自己因为他人的言行

而受了伤？

那么，会不会是自己

在内心刻下了伤痕？

第二部分

拉近关系的提问

提问是沟通的桥梁

我在城里从不开车，因为既不熟悉道路，又不喜欢堵车，而且还得费尽心思找停车位。在像首尔这种公共交通发达的地方，只需乘坐地铁和公交车，就能轻松到达想要去的地方。偶尔没有时间或者所去之地交通不便，我就打车过去。乘坐出租车的时候，我通常坐在后座上思考，或者看看外面的风景，有时也会和司机聊天。

有一次我坐出租车，遇见一位看起来非常有智慧的司机。我和他搭话："您面相真好！开出租车很久了吗？"于是，他开始说起自己的故事："我之前在某银行国际部工作了很长时间，在伦敦分行也工作了好几年，但是退休后四处玩了几年，觉得这样下去整个人都会垮掉。刚开始，老婆觉得我之前太辛苦，对我很好，可是我渐渐发现这让我很不舒服。我找过别的工作，但是与我这个年龄并不适合，所以开始开出租车。虽然偶尔也会遇到奇奇怪怪的人和事，但还是挺有趣的，可以看着世界周而复始地运转。我好像很晚才谙世事。”

还有一天，出租车里连续传来我喜欢的音乐。我按捺不住好奇，问道：“音乐真好听！您做过与音乐有关的工作吗？”司机便开始滔滔不绝地讲起自己的故事：“在高中的时候，我迷上了音乐，不怎么学习，组建乐队进行演出。我和现在当红的那谁都一起合作过。但是后来我发现这点才艺根本不值一提。所以，我就去工作，在公司里干了很久。退休后，我开起了出租车，又再次回想起曾经热爱音乐的自己。所以，我把喜欢的音乐收藏起来，边听边工作。我很喜欢开车，因为我可以尽情听我喜欢的音乐。”接着他又告诉我哪些音乐好听，推荐给我，让我去听听看。

人与人之间有一扇厚厚的铁门，正常情况下，这扇铁门是关闭的。人们大多想打开这扇铁门，与他人交流，只是自己不会先开门。打开这扇门的最佳方法就是打招呼、和他人搭话，以及提出与他人相关的问题。这样，大部分人都会乐意打开自己那扇门，与人交谈，告诉对方自己的故事，甚至人生的智慧和自己的秘密。

提问是桥梁。“質問（简体字为‘质问’，韩语中意为‘提问’）”的“質”字由两个表示“斧头”之意的“斤”和表示“贝壳”的“贝”字组成。这里“斧头”意为“打磨”，“贝壳”意味着“金钱”；“問”由“門”和“口”组成，意为“在他人门前提问”。换句话说，如果总是在大门前询问彼此信息，那么双方很快就会认识；如果彼此亲近，那么就会有很多好事发生。也就是说，提问才会让人亲近，才能产生财富。当然，这纯属我的个人解释，没有任何学术根据。

提问是连接关系的纽带，为了连接彼此的关系，应当询问有关对方的信息。只有通过提问，才能知道那个人是谁、珍视什么。而与他人亲近的最佳方法就是提与他相关的问题。

但是很多人不会进行这类对话。他们自己既不主动搭话，面对对方搭话也敷衍作答，自然也不会产生问题。

这样的人极度害羞或过于认生。为什么会这样呢？因为自我意识太强。他们会觉得：“如果我先搭话，对方觉得我很奇怪怎么办？”孩子们互相很容易亲近，彼此毫无隔阂。但是随着年龄的增长，社会地位的提升，我们便会筑起心墙，抵制他人，无法与他人轻易拉近关系，而消除这种高墙的方法就是打招呼、提问、认真倾听对方的故事。不过还是有很多人愿意主动走近别人。因为提问是建立沟通的桥梁。

人与人之间

有一扇厚厚的铁门。

一般这扇铁门是关闭的。

人们大多想打开这扇铁门，与他人交流，

只是自己不会先开门。

打开这扇门的最佳方法是打招呼、

和他人搭话，

以及提出与他人相关的问题。

提问是最好的社交手段

当你通过别人介绍认识一位陌生人时，你知道怎样会得罪他吗？就是不向他问任何问题，对他视而不见，自己傻愣愣地坐着，那对方该有多尴尬！一场讲座结束后，在提问时间里没有人问任何问题，你知道这意味着什么吗？这等于暗示这个讲座乏善可陈。相反，如果讲座结束后，有人提了一个非常精彩的问题，那么不仅是提问者，而且演讲者也会感到非常快乐。

2008 年金融危机之后，通用电气的一位高管在众人面前做了一场关于如何应对经济恐慌的讲座。在讲座提问互动环节，人们大多问了一些很老套的问题，如是否削减奖金、是否会继续投资等等。当时韩国国民大学的高贤淑（音译）教授提了这样一个问题：“越是遇到危机，领导者的作用就越重要，这个时候，您希望员工从您身上学到什么呢？”他像是一直在等待着这个问题，于是就这个问题发表了动人的演讲。讲座结束后，他还找到高教授，对她的精彩提问表示感谢。

当你参加早餐会时，可以观察到不同餐桌的气氛也非常不同。如果有人问问题，那么那一桌的气氛一定很好；如果大家都没问题，呆呆地坐着，那么那一桌的气氛一定很冷清。向初次见面之人提问题，就如同在告诉对方：“我对你很感兴趣，我很好奇你是一个什么样的人，从事什么工作。”那么，成为关注对象的人必定会很开心地说起自己的故事：“谢谢你对我的关注！我是这样的人，做这样的工作，那么您是一个怎样的人呢？”所以在早餐会上，我会非常郑重地向同一餐桌的人提出问题，如您在哪儿上班、为何会做那份工作、那份工作的本质是什么等。那么不仅说话者会十分高兴，作为听者的我也能从中学到很多东西。

提问这种交流手段并不仅仅适用于陌生人，对于每天见面的领导、员工和同事也同样适用，尤其是对于平时很难遇到的级别较高的领导，如果你能够提前准备好问题，那么可能会有意外的好事发生。不久前，某集团的前总经理和我用餐时，聊到了一件关于该集团董事长的逸闻趣事。

“这是发生在我担任总经理期间的事。公司召集总经理候选人进行了几次培训。培训过程中会和董事长共进晚餐。大概有 8 个人坐在一起，大家一边用餐，一边做自我介绍，并进行简单的提问。那天原定一个半小时的流程仅仅一个小时就结束了。因为我不喜欢剩下的 30 分钟在沉默中度过，因此我大胆地向董事长提问道：‘您不在一线工作，对工作现场情况好像不太了解，是如何做到对现状了如指掌的呢？’于是素来寡言少语的董事长在最后长达 30 分钟的时间里兴奋地谈起自己的‘英雄事迹’。秘书室的工作人员也说，从来没见过董事长在这样的场合说过这么多话。晚餐结束后，董事长评价这次总经理候选人表现得都不错。”

让对方打开心扉的最简单的方法就是提问，但是也不能随便提问。我因为各种原因经常会见管理者、作者、企业老板等，每次我都会在见面前花点心思准备问题。如果是相识之人，则会问一些他的近况、改变、以前的烦恼、子女等。如果是不认识的人，则会搜索他的信息，了解他是怎样的一个人，看看他的年龄和学历、他写的书，甚至我还会看他写的专栏。那样自然而然就会有料可问。当然，要尽量避免问一些失礼的、令人生厌的问题。总之，提问是最好的社交手段。

用提问打开话题，转交对话主导权

不久前，我见了一位大企业的退休高管，并与他共进午餐。我虽然认识他已有十余年，但并不清楚他是怎样一个人。我对他的认知仅限于年龄、毕业学校。因为他本来就是一个功成名就之人，因此和他见一面并不容易。即使见面，双方也会忙于谈论业务。他退休后出了一本书，因为要把那本书作为礼物送给我，因此我们约定见了一面。见面后我首先提起书的话题，我问道："出一本书并非易事，您为什么要写这书呢？"于是，他讲起了自己过去的事情。

"我真的很爱我的公司。多亏了公司，我才能够不断成长，才能赡养父母，送子女上学。进入这家公司是我人生最大的转折点。我虽然来自农村，但学习还不错，所以进入了一所名牌大学法学院。毕业后我花了几年时间准备司法考试，但之后没有条件继续学习了。因为一向身强体健的父亲突然被诊断出患有癌症，并且还有好几个弟弟妹妹需要抚养。因此考试什么的先放一边，当务之急是要先赚钱，所以我就去找工作。相比于其他条件，我首先看中的是那些给钱多的公司，于是找到了这家公司。当时公司还是一家小公司，但经过 20 多年的发展逐渐壮大，我也因此能够养家糊口。”

接着他又说到了自己的家乡、养育子女、服侍病中父亲，以及未曾多想就买的股票使自己老无所忧等话题。我脑海里想象的他的形象与实际交谈过程中了解到的形象大相径庭。通过交谈，我发现自己和他之间产生了感情，而我所做的只是问了几个问题而已。

我喜欢和不同的人聊各种各样的话题。其中，相比于多人聊天，我更喜欢只属于两个人的对话；比起聊现在的话题，我更喜欢聊从过去到现在这一过程中发生的事。聊天重要的是营造良好氛围，提出好的问题。所以从这一点来看，如何营造气氛，提出什么样的问题，如何活跃对话，这些显得非常重要。这没有确切的答案，根据见面对象、个人喜好、彼此亲疏而不同。

在我和他人见面时，总是努力消除目的性，尽量不要怀有见了某人一定要做点什么的想法，只是单纯地想去了解这个人。这一点非常重要。如果想借见面之机捞点什么，或者考虑时间投入的性价比的话，那么见面将会变得非常无趣。我见面的目的只是希望了解彼此，如果情投意合，那么之后可以偶尔再碰面。另外，为了营造良好的聊天氛围，应事先稍微做点功课去了解对方，如对方的年龄、简历、兴趣爱好。在此过程中可能会产生疑问，我便将其记在心上。初次见面最重要的就是问候，此时，我会努力发现对方的强项和优点，并总是给予赞美。对于嗓音好听的人，我会说“您的声音真好听”；对于衣品好的人我也会大加赞赏。

接下来需要的就是闲聊。闲聊其实很重要。和对方第一次见面时，最好避开生硬的话题，不要直奔正题。这里所说的闲聊并不是指明星或政治话题。在闲聊中，较之于自己的话题，应多谈有关对方的事，就是说，与其自己滔滔不绝，不如多让对方说话。闲聊的目的就是营造一种亲密的氛围，即在进入正题之前，营造可以互相产生好感、打开话题的氛围。我认为，闲聊就是为认可和接受对方而做的准备工作。

想要做到擅长闲聊，需要注意以下三点：提出好的问题、学会倾听、做出积极反应。在闲聊中，好的提问并不是指提什么特别的问题，你只需要提几个可以打开话匣子的问题就行。诸如“您是如何走到今天的位置？”“您父母是什么样的人？”“中途有没有改变人生的转折点？”“您觉得什么时候最艰难？”等等。接下来，就是用积极的态度认真聆听对方所答即可。

比起自己一个人口若悬河，你可以通过提问，让对方掌握聊天的主导权，这是营造自然的对话氛围的核心技巧。

好的问题会让人产生好感

大家在和别人见面之前会做什么准备呢？我会一边冥想，一边思考今天要见的人。比如，我会思考那个人见我的目的何在、我提出什么话题比较好、他喜欢或不喜欢什么，等等。如果是好久不见的人，我还会再次查看之前记录的与那个人有关的信息，并准备要提出的好的问题。我认为，好的问题就是与见面对象有关的问题，即他所感兴趣的或者他专业领域的问题，尽量避免谈论他不喜欢的、负面的以及与政治相关的话题。

不久前，我为老朋友的儿子主持了婚礼，朋友为表示感谢提议之后一起吃饭。我突然想起在婚礼现场遇见的朋友的舅舅。主持结束后，我刚好和他的舅舅同桌共餐。对方很有亲和力，自我介绍说到他与我朋友同岁，但却是我朋友的舅舅。他还向我致意，称赞我主持得好，之后又说了些杂七杂八的话。他说我朋友学习很好，克服生活窘迫取得了如今的成就。

我见到老朋友，自然先聊到了那天遇见的舅舅。我问他怎么会和舅舅同岁，于是话匣子就这样打开了。

“我的母亲出生于农村一个有钱人家庭。我的外婆一连生了五个女儿，而外公特别想要一个儿子，便采取了‘借腹生子’的方法。话虽如此，但实际上就是外公找了个小老婆。小老婆头胎生了一个女儿，后面又生了两个儿子，那个舅舅就是小儿子。因为我俩同龄，所以一起上到了初中。只是称谓上是舅舅，平时我们不说敬语，像朋友一样相处。”

之后，我们的聊天就一发不可收拾。我早已知道他家境贫寒，通过苦读才取得了今天的成就。聊着聊着，我又产生了一个疑问，于是我问他：“您的外婆家境富裕，那您的母亲怎么会和如此贫穷的男人结婚呢？”

“我也总是无法理解，很好奇外婆外公怎么会把女儿嫁给那样的穷小子。若之后去了天国，我想问一问外公。虽然我们家贫穷，但是父亲在世的时候还能维持生计。不过父亲在他38岁的时候，突然就去世了，留下了4个儿子和1个女儿，这让我们的生活变得更加艰难。”

“为什么会去世？”我问道。

“说来真的很荒唐！我们农村有祭祖活动，需要在农历十月祭祀五代以上的祖先。但是祭祖结束后，父亲突然肚子疼。现在回想起来，应该是得了阑尾炎。于是巫师被请来通宵作法。法事结束后，父亲就去世了。”

于是我应和道：“和故乡是开城的小说家朴婉绪的父亲一样。听说他也是肚子痛，没去医院，请巫师作法，结果去世了。好像也是阑尾炎。朴婉绪的母亲硬撑着也要带子女去首尔上学，也是因为自己切身体会到无知害人。”

好的提问会继续产生问题。通过一问一答，他把自己所有的故事都吐露了出来：和母亲一起砍柴；因为种地不能学习而痛哭；为了学习偷走收购秋粮的钱后逃跑；还有未能完成学业的弟弟们的令人心痛的经历……不仅是话者，作为听者的我也全然不知时间的流逝。我原以为对他已经很了解了，但是那天见面之后，我们的关系变得更加亲密。虽然未喝一杯酒，但我们互诉衷肠，产生了战友般深厚的感情。后来我有事拜托他帮忙，他也欣然答应。

我想着未来有一天要写一本小说，像朴婉绪一样写一本自传体小说，但是我周围几乎没有什么可写的话题，太过平凡。在突然听到这位朋友的故事后，我不禁想，如果继续采访他，会不会写出像朴景利的《土地》那样的小说呢？写小说需要善于收集信息，需要见到很多人，打开他们的话匣子。而打开话匣子的钥匙就是提问，即提出好的问题，倾听对方的故事，然后继续追问，认真聆听，做出反应。最重要的是，在问答过程中，双方会变得更加亲近，这才是最大的快乐和收获。

解决对话障碍的提问

逢年过节，我们就会和弟弟一家去母亲家里待两天。我们一家四口，弟弟一家四口，再加上母亲，一共9个人。因为好久没和家人一起吃饭、聊天，所以刚开始的时候非常开心，但是过一段时间，疲惫感便不由袭来。如果住在隔壁的侄子再把两个孩子也带过来的话，我就真成了霜打的茄子了！长久以来，我一直有个疑问：过节期间我并没有什么特别要做的，既不需要做饭，也不需要洗碗，只是和家人一起聊天、看电视，和孩子们一起玩乐而已，但是为什么会这么累呢？

我认为，其中一个原因就是太多的人挤在一个狭窄的地方，无法拥有适当的个人空间。母亲一个人住在100多平方米的公寓里绰绰有余，但如果9个人一整天都挤在那里，难免令人感到疲惫。如果房子更大一点，有院子，有山，就不会这么烦躁了，因为每个人都需要适当的个人空间。

正如我们需要充裕的个人空间一样，时间宽裕也很重要。我听说过一个针对学生的试验。试验设置对比条件是让一组学生时间宽裕，而另一组学生没有充足的时间。然后，在他们上课的途中，安排急需帮助的人，并观察这群学生的反应。结果很明显，时间充裕的学生会自发地帮助别人，而时间紧迫的学生则对需要帮助的人视而不见。即使不进行试验，也完全可以推测出结果，因为只有时间宽裕的情况下，人们才能帮助他人。

但是这种宽裕并不仅仅局限于时间和金钱，较之于这两者，更重要的是心灵，这通过沟通聊天就能体现出来。当你与人聊天时，会发现有的人内心完全充斥着自己的想法，没有容纳别人话语的空间，而且他也不想听别人讲话。那些刚愎自用的人、只顾自己说话的人、轻易下结论的人、被成见和定势思维所束缚的人、不愿听取别人意见的人、不学习却自视了解天下事的人，等等，都是如此。在对话中，最重要的就是获得空间的技巧。就像“人間（简体字为‘人间’，韩语中意为‘人、人类’）”这一词表示“人与人之间”一样，在沟通交流过程中，双方只有获得个人话语空间，对话才能变得顺畅。

对话包括提问和个人见解两大主轴，可分为几种类型。最糟糕的是互不提问，只发表各自见解的对话类型。这种对话是双方彼此互不倾听，只谈论各自想说的话，又被叫作“敬老院对话”。较好的是一方提问、一方回答的类型。在这种对话形式中，提问者和回答者被区别开来，这比最差的对话类型强点，但显然不是最好的。最好的对话是彼此互相提问和回答，即问答交织的对话形式。

实际上，没有提问的对话不是对话，只不过是单方面的个人见解。如果一个人没有话语空间，则无法提出问题。刚愎自用之人所能做的，只是向别人灌输自己的想法或者强迫别人接受自己的观点。只有产生诸如“我的想法可能是错的”“我可以从对方身上学到点什么”“我想了解更多”等想法，给对方留有话语空间，对方才能反向提问。也就是说，提问需要预留话语空间。

但是该如何创造话语空间呢？我认为最佳方法就是提问。首先向自己提问。提出问题并思考，那么就会产生话语空间。在对话中，提问也很重要。只有提出问题，双方才会获得话语空间。无问而谈就好比身处于氧气不足的地方，虽然暂时可以忍受，但久而久之，就会急剧疲劳。总之，提问是让内心宽裕的最佳技巧。

只有产生诸如“我的想法可能是错的、
可以从对方身上学到点什么、
我更想了解更多”等想法时，
给对方留有话语空间，对方才能提问。

提问需要话语空间。
但是该如何创造话语空间呢？
我认为最佳方法就是提问。

换位思考

叙利亚内战造成的损失规模非常大，有40万人死亡，180万人沦为难民，而且化学武器袭击事件时有发生。美国因此决定介入叙利亚内战。2013年9月9日，美国国务卿约翰·克里在新闻发布会上被问及许多与此相关的问题。在大家提出何时进行空袭、规模如何、预计叙利亚将如何应对等问题后，一位女记者问了这样一个问题：“叙利亚如何避免空袭？”

许多人对此感到诧异。这是宣布美国决定空袭叙利亚的新闻发布会，应当以空袭为前提进行提问，但出人意料的是，这位女记者反而从叙利亚的立场出发，提问如何阻止空袭。约翰·克里思考片刻，这样回答说：“这个吗，放弃杀伤性武器不就行了吗。”

不久之后，援助叙利亚的俄罗斯外长谢尔盖·拉夫罗夫召开新闻发布会表示：“俄罗斯希望叙利亚在国际组织的监督下逐步放弃杀伤性武器。”对于想避免因美国介入而导致战争扩大的俄罗斯来说，这是理所当然的事。随后不久，叙利亚外长瓦立德·穆阿利姆在新闻发布会上表示，叙利亚将积极考虑俄罗斯的提议。两天后，美国宣布取消空袭叙利亚的计划。这是记者招待会上女记者提问后时隔两天发生的事情。那名女记者是哥伦比亚广播公司（CBS）的著名主持人兼记者玛格丽特·布伦南（Margaret Brennan），正是她的一个提问阻止了美国对叙利亚的空袭，挽救了无数生命。这就是提问的力量。

她怎么会想到问这样的问题呢？其实并不难，她只是站在相反的立场上进行思考而已。大部分记者都是站在美国的立场上提问，当然，大家需要这样的问题，因为人们也需要知道何时进行空袭，规模如何等。但是玛格丽特·布伦南从叙利亚的角度进行思考：“美国说要攻打叙利亚，如果我是叙利亚人民，我会怎么想？叙利亚要如何避免美国的攻击呢？”这就是她想知道的。

到目前为止，我给很多公司高管提供过咨询服务，但有一个人令我印象深刻。他曾长期在跨国公司工作，后因韩国某企业发展新业务而被挖过来。我一看就知道，他是一个非常聪明、观点鲜明的人。他对自己要做的事以及为此需要制定的方针路线非常明确，但是一开始干劲十足的他，逐渐面露倦容。公司人事部门担心他会辞职，于是向我求助。

在咨询过程中，我看他有很多话要说的样子，似乎积累了很多的不满。“我在其他公司上班上得好好的，既然挖我走，就应该给我创造合适的工作条件，如果像现在这样干涉我的工作，那为什么要选择我呢？”他的不满情绪已经到了嗓子眼。最重要的是，他与直属上司之间存在很多矛盾。“这是新的业务，但却设定了和之前业务同样的目标，并且经常拿目标实现与否刁难我。”他的这种怨念十分强烈。

刚开始我默默地听他诉说，因为我需要和他产生共鸣。过了一会儿，我提出这样的问题：“您的处境我非常清楚，这段时间您的心里应该很煎熬。但是，如果您是上司的话，您会怎么做呢？”听到这个问题，他一脸惊慌之色，思忖半刻，他说：“我可能也会这么做吧。这家公司虽然不明说，但‘业绩即一切’的企业文化很浓厚。可能我的上司也是受了上头的催促才会对我这样。”据说，此次事件之后，那位高管的态度明显好转，并且和上司的关系也迅速改善。

有很多人因为子女问题而烦恼。孩子们不听父母的话，随心所欲，这让父母们感到抓狂。对此，我问家长：“可是您上学的时候学习认真吗？有乖乖地听父母的话吗？”很多人会回答说：“实际上我的孩子和我小时候一模一样。”我继续追问：“可是您是怎么变得如此优秀的呢？”于是便会有各种各样的回答，如“爸妈不急不躁等待我的成长”“随着时间的流逝就变好了”“某一瞬间就懂事了”。

人们通常是站在自己的立场上进行思考，所以遇到糟糕的情况难免会感到委屈，甚至怒火中烧。这时，我们不妨提出一些问题进行换位思考，也许就会发现自己的想法有所改变。

把问题准备好

我经常光顾一家美发店，那里有一位大龄单身女发型设计师。她面若桃花，声如莺啼，而且最重要的是气质非凡，宛若秋天的波斯菊。现在社会上大龄女性本来就多，大家忌谈婚姻话题，所以我从没问过她是否结婚。但是有一天，她自己先提起，于是我这才得知她的情况。正当青春年少时，她由于身处美国，错过了对的人。

此后，我每次去美发店，都会礼节性地问候道：“有好事发生吗？”假期后的某一天，我也不假思索地随口问道：“假期玩得开心吗？有好事发生吗？”她的回答令我十分意外，她说：“这次休假，我一个人去了济州岛，但下一次应该会和喜欢的人一起去。”原来她终于要去相亲了。她说因为之前从未相过亲，所以自己既期待又紧张。在职业精神的驱使下，我问道：“那么在相亲之前，你有什么准备呢？”她因为不知道要穿什么衣服，感到苦恼。朋友们说她年纪也不小了，劝她穿得华丽鲜艳一点，但是她自己想穿素雅点。我告诉她穿自己感到舒适的衣服就好。我又问她对方是怎样的一个人，她回答说：“据说是搞建筑的，看了他发在 KaKao Talk（此为韩国的聊天软件）上的照片，发现大部分都与建筑有关。”

接着我问她准备了什么问题，她惊讶地说道：“这是什么意思？需要单独准备问题吗？”我问她第一次见面要聊些什么、如何活跃气氛，她回答说不知道。我又问道：“那你觉得向对方提什么问题比较好呢？”她摇摇头。于是我建议道：“每个人都喜欢对自己感兴趣的人，喜欢被问及自己的兴趣爱好。既然那个人是搞建筑的，那你就问一些与建筑相关的问题，比如怎么会对建筑感兴趣，喜欢哪一位建筑师，如何评价西班牙的著名建筑师高迪或日本的安藤忠雄，等等。剩下的只需一边倾听，一边提问符合对话内容的问题即可。”顿时，她豁然开朗。

她说因为是第一次见面，本来就非常担心，一直苦恼如果见面尴尬该怎么办，不知道该如何化解气氛，因此听到我的建议，她感到十分庆幸。

不管什么见面，初次相见总是非常重要。只有在第一次见面时留下好印象，生意才能谈好，恋爱才能热烈。要想初次见面愉快度过，那么，该聊什么，不该聊什么呢？这虽然没有标准答案，但是最好不要没完没了的自我吹嘘，不要聊明星八卦和八竿子都打不着的人和事，不要谈论政治和宗教。

为使对话有意义，应当准备好的提问。所谓好的提问，就是和对方关心的领域有联系的问题。如果对方最近很出色地完成了一笔生意，你应该对此进行提问；如果对方兼并了另一家公司，或者抛售了一个业务部门，不妨问问他那么做是有何期待；如果是滑雪爱好者，则可以就滑雪进行提问；如果是做瑜伽的，可以问问有关瑜伽的问题。重要的是要事先做功课，了解要见面的对象。

在商务会议中更是如此。如果知道会遇到赫赫有名的人物，你却不做任何准备，这本身就非常失礼。如果对对方不了解，则无法提问，就算提问也会问一些毫无诚意的问题。比如问对方“最近苦恼的问题是什么？”被问到这样的问题，对方会做何感想？他会觉得“这人是干什么的，事前一点功课都不做就来见我，那我也没什么好说的，我不需要对这样的人浪费时间。”那么他自然会紧锁心扉。这种问题毫无诚意，纯属投机取巧。问这种问题的人是不做一点思考就来见面，实在是乏善可陈。

见面就如同起床睁眼，一切都是从相遇开始。不管是新的机会，还是人生领悟，抑或是赚钱，都是通过人与人的交往而实现，因此应当高度重视见面，使见面的时间变得有价值。为做到这一点，最好的方法就是提前了解见面对象，准备问题。可以看看相关报道，如果对方出过书的话也可以看看他的书，还可以通过网上检索对方信息。那么，你打算见谁呢？了解他吗？你为此准备了什么问题呢？

精心准备的提问提升对话格调

新闻里会经常出现各类专家，如半岛问题专家、政治问题专家、心理学专家等，但是每次都是那几个教授重复着陈词滥调。看到这些，我不禁产生疑问：难道这世界上除了那个教授就没有别人可以邀请了吗？他们怎么只说那些老套的话？其实只要打听一下，就能找到很多不同领域的专家，但是出于种种原因，记者们往往只找一些容易联系到的人，所以一旦他们认识某位教授，就会一直邀请他。提问无法切中要害也是原因之一，提问者只有具备一定的知识水平才能提出相应的问题，但是现实却是他们的知识储备非常薄弱。另外，节目播出时间的限制也是一大原因。

采访中最重要的就是，明确提问目的并找到与之相关的人。采访之前应当想一想为什么我要做这个采访、我想得到什么、谁最适合接受这个采访。只要明确这些，那么目标就算是实现一半了。当然，这并不容易。要想采访成功，需要做很多准备。首先，提问者要自我充电，特别是当你的采访对象是名人或者升堂入室之人，网络上会有很多与他们的相关报道或著作。在互联网发达的今天，只要想找，肯定可以或多或少获取他的相关信息。当你在事先彻底掌握相关信息后，在采访中，你只需集中提问事前很难了解到的内容即可。

采访的核心是提问，而提问的核心就是事前准备。采访对象一听到问题便知提问者是否有备而来。我也经常接受采访，我的感受就是，采访的质量会因提问者的不同而相去甚远。我这边的采访主题通常是沟通、领导力、招聘等。大多数情况下，提问者毫无准备，只带着题目而来。即使事前把问题发送过来，如果我仔细看看，也会发现有很多提问不像是问题。作为采访对象，我有时会把问题重新修改后再发送给对方，但是这就等于自问自答。

毫无准备的提问是纯属偷懒，最具代表性的例子就是对初次见面的专家或名人提问：“最近，你最苦恼的问题是什么？”提这个问题就等于在告诉对方：“我是一个懒惰的人，我什么准备都没有，只是慕名而来，所以请您随便说两句。”被问到这样的问题，你觉得专家会怎么想呢？专家会对初次见面尚未产生共鸣的人吐露心扉吗？真是异想天开。如果采访对象是我，我绝对不会回答。

越是有名的人越难邀请。若成功邀请到对方，为了让他袒露心迹，你需要做好准备，尤其是采访知名企业的老板更需如此。我每次都会精心准备，翻阅公司年报、检索网络信息、查看其他采访视频、阅读演讲稿和市场分析资料、熟知他所重视的哲学和经营战略等，并据此准备问题。如“据说此次和别的公司合并了，您有何战略目的呢？”“听说公司发布了新的经营理念，是改变原有理念，还是将平时的想法重新梳理呢？”这就在向对方暗示“我对你已经了解很多，所以请多指教”。当我通过提问传递出内心想法后，对方会感到讶异并详细阐述我所想要听到的内容。我会认真聆听并不断追问，双方的信赖也会由此加深。

采访的核心是提问，但是只有具备一定的知识水平才能提问，而为了了解对方，则必须事先做功课。上述这一流程非常明确，即为了进一步了解采访对象，你需要查找资料进行学习，在查阅资料的过程中会产生好奇并进而转化为问题；在采访中，你需要一边认真聆听，一边提出新的问题，进而更加深入了解对方，时不时可以产生共鸣，而且附带自己的想法。这就是我所认为的采访和提问之间的关联。

在这个世界上，你是否真的有想要见到的人？如果有机会见到他并面谈一个小时，你会问什么问题呢？把问题写下来吧！你可以将其用于更多人身上，这样你将会更加深入地了解他人。

提问是关心与关系的纽带

幸福长寿的人都有一个特点，那就是交际广、交情深。毋庸置疑，与不同的人长期保持亲密关系是幸福和长寿的秘诀之一。人会因人际关系而变得幸福，也会因人际关系而变得不幸。

那么关系是什么呢？如何才能保持良好的人际关系呢？“關係（简体字为‘关系’）”是由表示“门闩”之意的“關”和表示“连接”之意的“係”字组成。对此我的解释是“只有打开门闩进入，关系才能开始”。在他人打开我的心门，进入我的内心之前，我应当首先敞开心门。结束关系也与之类似，如果我首先把心门关上的话，那么这段关系就结束了。

如何建立良好的关系呢？我认为首先自己得成为一个优秀的人。物以类聚，人以群分；你若盛开，蝴蝶自来。此外，体贴关怀、礼尚往来、提升魅力等也是打造良好关系的方法。

良好的人际关系有一个最重要的前提条件，那就是关心。只有关心对方，才能建立良好的关系；若不关心，则彼此很可能成为泛泛之交。那么关心是什么？“關心（简体字为‘关心’）”是由表示“门闩”之意的“關”和表示“心脏”之意的“心”结合而成，即“心灵的钥匙”。是否关心他人取决于自己的内心，关心支配着你的行动，并会花费时间和金钱。

最近大家最关心的是什么？最关心谁？人际关系的出发点就是关心对方，关心他人是最好的社交手段。而将关心和关系相连的纽带就是“提问”。关心他人，就会对其产生疑问；若不关心，则不会产生好奇。关心他人，就会想了解关于他的细枝末节；若不关心，则对他的一切都不好奇。没有比和对什么都不感兴趣、没有问题的人聊天更能让人感到空虚的了。交流始于对他人的关心，始于因关心而产生的纯粹的疑问。

最近，我的孙子出生了，这让我倍感幸福，每天都想知道他长大的样子。偶尔看他一眼，感觉他好像在思考，但究竟在想些什么，我真的很好奇。他虽然现在还不会说话，但是一旦开口，想必有很多想问的和想说的。我天生就是自私之人，一直以来，我都只关心自己，但是在养育儿女的过程中，我逐渐将关心转移到他们身上。抱上孙子之后，我将更多的关心倾注于他。当关心他人，对他人产生兴趣时，你就会产生疑问，而此时的疑问除单纯的好奇之外，还有其他含义，即“我对你很感兴趣，所以希望你不要对我的问题嫌烦，请尽量告诉我”。

人际关系的出发点

就是关心对方。

关心他人是最好的社交手段。

将关心和关系相连的

纽带就是“提问”。

关心他人，就会产生疑问；

若不关心，则不会产生好奇。

→提升兴趣的提问

- 最近对哪一个话题最感兴趣？
- 为了满足自己的好奇心，你做过哪些事？
- 以前关心过但如今感到索然无味的话题是什么？
- 有没有长久不变的关注领域？
- 最近比较关注的领域是什么？
- 主要关注哪些领域？
- 你的关注领域是如何变化的？
- 你现在身边的人最关心的是什么？
- 你和身边的人关注领域相似吗？
- 如何更有成效地利用自己的兴趣？

提问的“搭档”：倾听

世间万物皆成双成对，相得益彰，如男和女、昼和夜，政治有朝野，车轮有一对，如此方能稳定。交流亦是如此，有说话者则必有听话者。如果没有人听，自己在那自言自语，则很有可能是失魂落魄之人；而有人听却没人说也很奇怪。所以由此看来，提问和倾听是交流的两大支柱。

用“提问”和“倾听”作轴，建立矩阵，可以出现四种情况。第一种情况是无问无听，谓之无法沟通，很多公司就是这样。第二种是无问但有听，这种情况在现实中不可能存在。没有提问则没有回答，没有回答则根本不存在倾听。第三种情况是有问但无听，很多公司都是这种情况，就是问归问，但就是不认真倾听，要么走神，要么挑些合乎自己胃口的话听。这让说话者非常扫兴。刚开始人们因为不甚了解内部氛围会认真思考作出回答，但是这种情况反复发生，就会让人既不愿思考，也不愿回答。第四种情况是有问有听。这种情况可以实现真正的沟通，让公司实现高效运作，这是最理想的情况。

倾听为何如此重要呢？第一，只有倾听才能有所收获。说话的时候我们学不到什么，要想有所收获，我们必须缄舌闭口，一边提问，一边侧耳倾听对方的回答。第二，只有倾听才能和对方亲近。擅于倾听才能赢得人心，才能说服他人。倾听是人际关系的起点。人际关系不好的人都有一个特点，即不擅倾听。关注对方，认真聆听是最大的尊重。第三，只有主动洗耳恭听，对方才会娓娓道来，尤其是级别越高的人更需如此。若一个公司的总经理擅于倾听，则该公司的沟通渠道一定畅通无阻。因为领导擅于倾听，所以工作中的信息、问题、意见等都会原原本本地向上传递。相反，如果总经理闭目塞听，则任何重要的信息都不会进入他的耳朵。当人们认为就算向上反映也无济于事时，他们就会缄口不言，公司就会从此走向没落。第四，只有擅于倾听，才能把事业做好。一流业务员的特点就是善于倾听，一流企业家的特点同样如此。只有擅于倾听，才能赢得对方的好感，才能准确把握对方的需求。

提问和倾听具有同等分量。但是若不擅聆听，就算提问再好，也徒劳无益。对话中，听者和话者一样重要。话者如果说得滔滔不绝，听者却毫无反应，不提任何问题，那么话者就会兴味索然。“为什么呢？所以您是怎么做的呢？应该很辛苦吧！那是什么意思呢？请再多说一点！”像这样恰当地提问，对对方的话作出反应，才可以燃起对话的火花。

只有认真倾听，才能在适当的时候提出恰当的问题。相反，若不仔细倾听，则会提出莫名其妙的问题，直接扼杀对话。倾听与提问总是紧密相连，只有认真聆听，对方才会津津乐道；这样在倾听的过程中也才会想到更好的问题。这样对话才会趣味盎然，才能拉近彼此的距离，才能令人有所收获。

第三部分

优化工作能力的提问

提问可以为你导航

很久以前，我写过《韩国人的成功条件》一书。为了写作，我邀请了诸多成功的管理者，进行了为期约6个月的采访。不仅有许多人向我推荐采访对象，而且媒体也给予很大的帮助，所以我见到了很多采访对象，大约有50名。我将采访内容写成文章刊登在杂志上，后将其汇编成册、出版成书。我询问他们心目中的成功是什么、有什么样的习惯和共同点、中途遇到过什么样的危机等。在那6个月期间，“成功”这一词汇始终萦绕在我的脑海里，我行思坐卧，一直在思考成功是什么。

我认为成功既不是腰缠万贯、佩紫怀黄，也不是名扬四海，而是健康成长，传递正能量，对社会略尽微薄之力。几年前，我得了“五十肩”（指肩关节周围炎），且伴有退化性关节炎。那时，我朝思夕想，思考有关健康的议题，提出了很多有关健康的问题，如健康是什么、我的健康状况如何、我想拥有怎样的体魄、怎样才能健康……我不断提出这样的问题。后来我在家附近的健身房遇到了一位不错的健身教练，通过锻炼，我的身体逐渐好转起来。我对自己的健康有了信心，并以自己的亲身经历为基础，写了《身体第一》一书，该书还进入了韩国的畅销书排行榜。

俗话说，思想转化为行动，行动转变为习惯，习惯成就个人。对此，我完全同意。人生始于思考，基于兴趣。一个人思考什么、提问什么、关注什么会造就其人生，因为问题即答案。

人们开车前首先做的就是设定目的地，即使是对市区路况一清二楚的司机也常常打开导航仪，设定好目的地。而像我这样的“路痴”则更不必说。一旦设定好目的地，就不用再考虑该走哪条路了，只需按照导航仪提示行驶。虽然中途可能会走错道，但这并不会成为什么大问题，因为导航仪在走错之后，会立即重新设定路线。

问题就是答案，就是解决方法。问题就像导航仪一样，提出问题就是设定目的地，是最重要的一步。想成为最佳员工吗？如果想，那么就不断问问自己“最佳员工是谁”“我该怎么做”即可。想一想公司里最受认可的员工是谁、你认为周围人中谁是最佳员工、为什么这么认为、你想效仿他的什么行为。

此外，还要问问上司和同事，问问他们心目中的最佳员工是谁、为什么那么认为。如果一个人在一个月内总是思考最佳员工是谁，你猜会发生什么事呢？他很可能已经成为最好的员工了。因为他很有可能一边想着最佳员工是谁，一边每天不知不觉地一点点效仿他的行为。每天想着最佳员工，那么就会很少荒唐行事。

大家最近主要问些什么问题呢？难道说什么问题都不问吗？那么各位的人生正在走向何处呢？没有问题就好比开车不设定目的地，或者是原地打转。问题就是答案，因为问题已经包含了答案。

问题就像导航仪一样，
提出问题就是设定目的地，
这是最重要的一步。

想成为最佳员工吗？
如果想，那么就不断问问自己
“最佳员工是谁”
“我该怎么做”即可。

每天想着最佳员工是谁，
则会不知不觉地
逐渐成为最佳员工。

找出有意义的提问

这是我从朋友那儿听到的故事。一位有些痴呆的94岁的老母亲原本独居，后来她73岁的儿子搬来与其同住。她的儿子在辞职之后无所事事，终日借酒度日。随着饮酒增多，他逐渐出现了酒精中毒的症状，甚至对妻子表现出暴力倾向。妻子不堪忍受，要求离婚，最终他年逾古稀，孑然一身，回到了独居的老母亲身边。我们可以说这是最差的人生剧本了。但是与儿子一起生活后，曾有痴呆症状的老母亲开始迅速恢复健康。怎么会发生这种事呢？大家认为是什么原因呢？我想是因为老母亲每天给儿子准备一日三餐，从中找到了人生的意义。一直以来，老母亲因行将就木，每天百无聊赖，直到儿子搬来同住，才重新发现自己存在的理由。由此可见，找到存在的意义在人生中具有决定性的重要作用。

许多事情都让我们劳形苦心。结婚、生儿育女、工作、赡养父母、做饭洗碗，无不让我们感到心力交瘁。世上尽是些苦活，所以大家都想做收着租金去打高尔夫、环游世界之类的事。那么“辛苦”到底是什么意思呢？我认为“辛苦”的定义就是“发现不了意义”的另一种表达。

我有一位朋友认为自己的伴侣一辈子拼命减肥并不妥当，俩人总是因为减肥问题而争吵不休。我的朋友说：“反正再怎么减也是原地踏步，为什么还要减呢？稍微吃点吧，民以食为天。反正你再怎么减肥也就那样了。”朋友的话常常会激怒伴侣。这种话徒劳无益，只会使双方关系变坏。如果是你的话，你会怎么说呢？换作是我，我会向她提问做这件事的意义，问她：“减肥对于你有何意义呢？”那么被问的人会怎么想呢？大多数人都会不假思索地说：“因为别人都在减肥，我觉得自己也长胖了，所以去减肥。”但是当他们被问到上述问题时，就会开始认真思考减肥对于自己的意义，会有各种不同的回答，除了想要减轻体重之外，还有诸如“我想拥有自信”“我想确认自己是什么样的人”“我想改变我的人生”“我想相信自己也能做到”等回答。他们开始对自己跟风减肥这件事的意义进行思考。如果发现了新的意义，那么以后的减肥将会与以往不同。

工作也是如此。大多数人都对工作感到厌倦，除了经济目的，并未发现工作有多大意义，这自然导致一到工作日就很痛苦，只为周末而活。那么如何激励那样的人呢？可以问问他们关于工作的意义，如“工作对你有什么意义”“工作对你来说是一种怎样的存在”“如果不工作的话你觉得生活会怎么样”“工作除了获得金钱之外就没有别的价值了吗”“哪一部分得到满足之后你会更加热情地工作”。大家可以尝试回答上述这些问题。对大家来说，工作有什么意义呢？

这里我想说一下我的故事。在美国获得工学博士学位后，我进入了一家大企业，但这家企业对我来说如同死亡墓地。工作时间长、官僚文化严重、领导强势、常有毫无意义的会议是这家公司的基本特点，而最让我受不了的是那些交代给我的杂事。因为我年纪轻轻就成为高管，并且英语也不错，所以如果外国客人来了，总是由我带他们参观工厂。选拔新人或者有经验的员工后，对他们进行培训也是我的任务。当时我是企划负责人，虽然与这些事无关，但是由于年轻并且会讲课，所以每到年末年初，我就像回家一样，去研修院上班。

本来正常的工作时间就不够，再加上那些事，真叫人心烦。我无法理解为什么要花我的时间去处理那些没有意义的事。光阴荏苒，现在回想起来，那些流逝的时间并不是毫无价值，正是当时岁月的沉淀才造就了今天的我。然而当时我并没有领悟到这一点。如果当时有人问我“现在所做的事对你没有丝毫意义吗？通过这件事有没有学到什么？”结果又会如何呢？我想我肯定会积极思考，同样的课程也会讲得更加有趣。

如果生活有意义，那么一个人可以承受一切，

相反，如果生活没有意义，那么任何事情都无法忍受。

这是华理克（Rick Warren）的《标杆人生》中的一句话。多向自己和身边的人提些有关意义的问题吧，那么你们也许会过上有意义的生活。

自我发展的阶段：知、识、见、解

人会如何发展？过去我发生了怎样的变化？现在的我是否比以前更好？最理想的发展过程是什么？

一个理想的发展阶段可以用“知、识、见、解”四个字来形容。第一个阶段是“知”，即知道。“知道”一词的确切含义是什么呢？我认为“知道”的定义就是可以用言语表达自己的想法，如果不能表达，就不是真正地知道。

会做事的人都有一个特点，就是能够流畅地说明自己所做的事，如现在在做什么、那件事的重点是什么、以后将以某某方式进行、如果在某某方面得到帮助将会有更好的结果等。别人听到这样的说明，就可以非常清楚地了解他所做的事。相反，不会做事的人的特点就是无法准确说明自己所做的事，总是推说以后以书面形式提交报告。如果让他别写报告，当场用语言说明，那他不得已也会解释，但是根本理不清头绪，让人无法理解。“知”字是由表示“弓箭”之意的“矢”和表示“嘴巴”的“口”字组成。对此，我认为这是指用语言表达自己所知道的东西。

发展的第二个阶段是“識（简体字为‘识’）”字，由表示“言语”的“言”和表示“粘土”的“戠”字组成，意为把话刻在粘土板上，即写作。在学习的过程中，最重要的就是写作。负责培训跨国公司管理层的高贤淑（音译）老师从美国回来后曾对我说：“在公司里，越往上升，笔杆子就越要硬。如果提笔难，就无法升职。而且最重要的一点是，绝对不能让人代笔，因为这既不道德，也有违初衷。写作可以提炼自己的思想、哲学思维、观点等，将其传达给他人。”

所谓“知道”，就是将自己的思想用语言和文字进行表达。但是文章不是谁都能写得出来的。首先要胸有成竹，然后要有欲吐之言，并且需将思绪条分缕析。在将大致整理的想法付诸笔端时，你头脑中的概念会逐渐明确。我在授课的过程中，经常能体会到这种概念的具体化过程。例如，我有时会在上课的过程中简单提及近来感兴趣的领域，虽然刚开始我也没有把握，但总是提及，我能感觉概念越来越清晰，不知不觉就可以以此写文章了。即使概念不明确，仍可以进行口头表达，但无法用文字阐释。

发展的第三个阶段是“见”，即“意见”的“见”字。我喜欢有自我主见的人。相反，如果一个人没有主见，则会让人不知所措。如果一个人没有主见、毫无想法、没有疑问地活在世界上，会导致什么结果呢？他可能会盲目听从他人的想法，抑或将从某处了解到的一星半点的知识奉为圭臬，排斥异己。

但是意见不会凭空产生，而是学习的产物。“识见（意为见识、眼界）”一词就说明了这一点，即有知识才会有见解。没有知识的见解则只可能是一家之言。韩国社会舆论之所以像锅中的水反反复复地沸腾、冷却，最大的原因就是民众缺乏知识和见解，很容易被区区小事带节奏。所以，人要有主见。

发展的最后一个阶段是“解”，即解决问题。我们为何要学习？为何要寒窗苦读上大学？大学毕业之后为何还要继续学习？我认为学习的最大成果是提高解决问题的能力。通过学习，即使面对复杂问题，你也会镇定自若、冷静处理。一个人能力出众，卓尔不群，归根结底就是善于解决问题。

人生在世，每个人都会遇到各种各样的问题。随着知识的不断增长，人们会掌握解决不同问题的方法，洞悉不同情况、了解解决之道，面对问题也不会慌张和不安。而不学无术之人则只掌握一两种方法，害怕遇到问题。他们会被一点小事绊倒，遭遇荒谬诈骗。究其原因，在于其分辨事理的能力很弱。

在乔治·奥威尔的小说《1984》描绘的世界里，有些事情是禁止做的。不能思考，不能写日记，不能表达，而最严酷的是有很多语言限制。为什么这样？因为禁止言论表达很容易让人变傻，而傻瓜很容易被控制。若要反抗这一切则需踏上寻求智慧之路。“知、识、见、解”，即将所知道的东西用语言表达出来，用文字写下来，在此过程中形成自己的观点，解决问题的方法也会变得更加多样。“知、识、见、解”始于语言和文字，始于表达。对此大家是怎么想的呢？

不会提问的四个原因

在 2010 年 G20 首尔峰会闭幕式上，奥巴马总统只给了东道主韩国记者专门提问的时间，但是没有一个人提问。这时中国记者提出要借这个机会代表亚洲提问，但奥巴马一再表示只想把这个机会留给韩国记者。可即便如此也没有人提问，场面一度让人羞愧难当。记者被公认为是最聪明的一批人，难道当时出了什么状况吗？真的没有问题吗？或是虽然有问题，但是因为现场气氛而没有提问吗？还是因为不会英语所以没有提问？有人说韩国人没有疑问，但好像并非如此，有时他们也会问太多问题。一旦爆发诸如崔顺实事件的新闻，记者们便蜂拥而至，争先恐后地提问。不过可以肯定的是，韩国人确实不太擅长提问。

跟韩国同样不擅提问的国家还有日本。世界著名管理学家大前研一认为，日本之所以十多年没有走出经济停滞的泥潭，就是因为日本国民失去了提问的能力。

这种现象也发生在首席执行官的培训课程中。我曾当过五年以上首席执行官课程的主任教授，现担任某经济报社主办的课程主任教授。我所做的工作有两个，一是介绍讲师，二是讲课结束后营造提问氛围。其中讲课结束后的问答环节非常重要。我在听讲的过程中自然而然会联想起三四个问题，如怎么会对这一主题产生兴趣、这是否是实际操作、有没有成功和失败的例子等。讲课结束后，讲师问大家有没有问题，大部分人都不会主动开口。这种情况下，我就先提问，然后慢慢形成提问的氛围，有几个人还会追加问题。我生来就有很多问题，所以看到不提问的人，我实在无法理解。为什么他们不会提问呢？

第一，是因为长时间不提问已经成为习惯。即所谓的“用进废退”：用就进化，不用就衰退。就像尾骨对人类没有用就渐渐消失一样，如果不提问，“提问肌肉”就会衰退。回顾孩提时代，那时候的你是怎样的呢？也像现在这样没有问题，只会呆呆地望着吗？应该不是这样的吧，那时的你应该会不断地对新鲜的、陌生的事物进行提问，如“这是什么？”“这怎么做呢？”“那个为什么这样？”等。可问着问着，我们突然停止了提问，这应当有很多原因。但是如果不提问，最终受损的还是我们。我们应当激活“提问肌肉”。而方法只有一个，就是对一切好奇的东西不断提问：“这是什么来着？”“为什么这样？”“没有别的方法了吗？”

第二，是因为害怕提问之后被误解为无知的人。当然会有这种想法，我也有好几次考虑要不要问，最后却没有提问。但疑惑一直得不到解除，总是折磨着我。所以最近我不管别人怎么想，总是大胆提问。有时提问会让众所周知但唯我不知的事实公之于众，即使这样也没关系。我心想：“是的，我不知道，所以那又怎样，不知道也是可能的，不是吗？”并且自我安慰道：“比起不懂且不问的人，不懂就问会让我更加进步。”即使出错、被误解也依然要不断提问，那样才能提升自己。

第三，是因为非常不了解。提问也需要具备相关知识，对于闻所未闻的事情，谁都根本无法提问。最近我听了几场关于生物仿制药（biosimilar）的研讨会。只是术语就很陌生，化学反应方程式也非常多，几乎听不懂。作为化学门外汉，我先将不认识的术语全都记下来，然后询问坐在我旁边的专家，听了之后发现并不是很难，只是用的缩写，所以我才不认识而已。一旦熟悉语言之后就如同拨云见日渐渐明了，再听两三遍似乎就能提问了。一向喜欢提问的我那天没有问一个问题，准确地说，是无法提问。无法提问的最大原因是不了解，提问也得知道相关知识才行。

第四，是因为自以为非常了解。在公司高管会议上经常出现这种现象。高管会议聚集了公司各路“高手”，他们均无所惑，都自视为专家，因此很难有问题被提出。而解决这一现象的最佳方法就是偶尔让一些陌生人、业外人士，或者其他领域的专家列席，带活会议。从他们的口中会提出一些出乎意料的问题，如“这项工作的本质是什么？”“开展这项工作核心是什么？”“为何要做这件事？”等，反而可能会有意外的收获。知道和误以为知道是不一样的。偶尔问问自己知道什么、不知道什么、“知道”的定义是什么，也是一种提升自我的方法。

我特别喜欢一句有关提问的名言：不耻下问（向地位、学问不如自己的人请教而不感到羞耻）。但是我想把这句话换成“耻于不问”（以不知而不问为耻）。我们要提问，通过提问，我们才能成长。

向自己提问

我从事企业教育培训已经近 20 年，在大学任教也已超过 10 年。面向职场人的授课与学校讲课必须有所不同。职场人拥有明确的自主想法，所以老师绝不能单向灌输。我常常问自己这样的问题：最好的课程是什么？我认为最好的课程就是听者切实需要的、真正触及他们烦恼的课程。

不过现实中很难实施这样的课程。通常，授课主题事先由任课老师决定，比起员工们的需求，课程更多的是反映首席执行官的想法。与交流相关的课程就是代表性的例子。沟通的问题大都是由上司造成的，但是他们却莫名其妙地要求向员工讲授沟通的重要性，那么员工在听讲的时候就会想："这些内容不应该让我们听，而应去跟老板讲。"这样的讲课当然徒劳无功。

为了解员工们的需求，我会在讲课开头提出各种问题，然后给他们哪怕很短的时间进行讨论，诸如最近职场生活怎么样、好的方面和困难的方面是什么、你觉得解决了哪方面的问题会更加幸福、最苦恼的或最想解决的是什么，等等。然后我会让几个人到前面去发表自己的想法。虽然他们并不会说出一些惊天动地的话，但是从他们口中，我们能获得很多信息。和老师单方面授课相比，让听众思考并分享各自的想法会使课堂气氛有很大不同。从他们的交谈中首先能够看出公司的情况。员工若对公司的满意度高，则课堂参与度也会较高，大家谈笑风生；相反，若对公司的满意度低，则大家只会假装交谈，还有很多人全身都会透露出对公司的厌恶。

和他们一起交谈，我常常会萌发这样的想法：上课时要是用这样或那样的话题来引导应该会很棒。我备课会围绕课程大纲的主题，但不会准备 PPT 等资料。我认为理想的课程就是具有特定的主题。例如，讲授与交流相关的课程，我会要求大家阅读相关书籍，并将各自的好奇和疑问，以及想进一步了解的东西提前发给任课老师或者我。我会通过事前的这些提问掌握他们的需求，并据此进行授课。当然，讲课结束之后，我也会给他们踊跃提问和解答的时间。

类似这样的课程，我在很多家公司尝试过，但是并不容易，最困难的是大家不提问，课堂气氛就无法活跃。为什么人们不提问呢？因为害羞、认生、害怕丢脸、不想太张扬……可以想象会有很多回答，但是我却有不同的看法，我认为他们不提问的原因是不知道自己想要什么。

上班族有很多厌恶的东西，如讨厌加班、讨厌上司、讨厌工作没有前途、讨厌公司位置太远。虽然是为了生存去工作，但是除了挣钱之外，他们觉得没有理由对公司格外热爱。总而言之就是上班没有意义。工作辛苦就是无法赋予工作意义的另一种表达。

厌恶某物和想要得到某物非常不同。厌恶的对立面并不是有某种愿望，也不是解决了导致厌恶感的问题、愿望得到满足。厌恶与愿望二者泾渭分明。而且最重要的是，厌恶既不会带来改变，也无法让人得到想要的东西。改变源自个人的迫切需求，我们应该把焦点放在喜欢的、迫切想要的诉求上，而不是被厌恶所左右。这看似容易，实则不然。

不会提问就意味着不知道自己想要什么。大家真正想要的是什么呢？你认为以现在的生活方式和习惯能让自己过上想要的生活吗？如果真的有某种愿望，就会产生问题。能够提问就能得到答案，能求得答案就能过上想要的生活。这就是提问为什么重要的原因。要明确自己想要的，并为此不断提问，那样就能过上理想生活。如果没有愿望，也不提问题，那么大家可能会一直像现在这样生活下去。

厌恶某物和想要得到某物
非常不同。
厌恶既不会带来改变，
也无法让人得到想要的东西。

改变源自
个人的迫切需求。
我们应该把焦点放在喜欢的、
迫切想要的诉求上，
而不是被厌恶所左右。

精简提问

我天生受不了冗长无聊的东西，所以无论是听取下属汇报，还是听讲座，我都首先看看大家准备了多少页材料。看到有人带着数十张 PPT 来参加 15 分钟的讲座，我不禁叹气，心想：什么时候能把那些都听完？ 15 分钟内能把那些都说完吗？这种情况下，大部分人都会使用规定的双倍时间。问题不在于资料太多，而是因为还没有整理好想法。虽然要说的话很多，但是很可能缺少重点。

总统、部长、企业 CEO 等高层人士都有一个共同点，是什么呢？那就是他们总感觉时间非常不够。他们每天被各种会议和报告缠身，听报告时他们首先看的既不是内容也不是题目，而是看 PPT 有多少张。如果短时间内无法打动他们的话，则应视为“游戏结束”了。

大家在与别人聊天或者听讲座的时候，心里最常问什么问题呢？就我而言，我经常会问“说的究竟是什么？所以结论是什么？到底想干什么？是要做还是不要做？”等问题。如果产生这样的问题，其实交流就已经失败了。如果顾客在听取订单竞拍陈述中产生这样的想法，或者听取报告的上司也产生这样的心理活动时，那么游戏就结束了。

在和他人交流时，应当多问问自己这样的问题，如“我想说的重点是什么？”“如果用一句话概括，我应该怎么说？”“所以结论是什么？”等，这些必须明确。必须弄清楚自己是要申请项目，还是要对方理解自身的难处，还是再需要些人手。

大家认为什么样的人是会做事的人呢？我认为会做事的人就是能很好梳理自己想法的人。他们说话简洁明确，对于该做什么、需要什么、需要什么帮助非常明确。相反，不会做事的人的思绪总是很混杂，就像线团一样裹在一起，也不知道自己哪些还不懂，也不清楚自己想做的是什么。话者不知道自己在说什么，听者就更难理解他的话了。

说话简洁的重要性再怎么强调也不为过。但是如何才能做到简洁呢？说话简洁源自专业性。整体和部分、市场和自身都需了解清楚，这样一来就会产生洞察力，明确自己要说什么。之所以说话不简洁，是因为没有把握本质。因此只能将全部内容一一传达，让听者听完全部内容之后自己去把握本质。言语简洁是明确了解本质之后才能得到的结果。

为了做到说话简洁，我们需要进行概括性的训练，要将内容减少、减少、再减少。可以采取以下三个步骤：首先在脑中进行模拟，想一想要说什么内容、绪论和本论是什么、如何开场和结尾；接下来就是试着说一说，可以一个人对着镜子说，如果有人听就更好了，说几次之后就会发现思绪逐渐厘清了；最后就是将内容转化为文字，当你把语言转化为文字之后，你会发现想法被梳理得更加完美。

说话简洁与阅读量成正比。书读得越多，阅读理解能力就会提高，词汇量就会越来越丰富，不知不觉就会厘清想法。大家觉得怎样才算是正确的阅读呢？我认为正确的阅读是读完之后能用一行文字概括全文。核心是什么？结论是什么？如何用一句话表达我的观点？这些问题我们不能忘记。

得失的两面性

朴总经理经营着一家中小企业，90% 的产品出口海外。他还在美国、德国、日本等地设立了分公司，聘请当地人担任分公司的经理，只派几名韩国人负责生产。理由很简单，因为当地人更了解当地情况。另一个原因是费用问题，也就是说，把一名韩国员工派遣到当地分公司所花的费用可以用来支付四五个当地人的工资。

我问他："但是如何相信当地人呢？"他这样回答："那韩国人能相信吗？被哪国人欺诈的概率都差不多。所以我在德国、美国与他们共事相处那几年会去判断他们是否值得信任。我一年只出国两次，不是为了检查业绩，而是和当地职员一起吃饭，了解他们的困难之处，看看有没有我能帮忙的。所以海外分公司的职员对我的到来都由衷地感到高兴。”

我问他是否从一开始就是如此，他说不是这样，并给我讲了下面的故事。

“刚开始，我把韩国人任命为德国分公司的经理。他是留学生，懂技术，人也非常诚实，但是他的受害意识非常强。每次都会跟我抱怨说别人歧视他是外国人、不带他玩、无法融入当地人的圈子……和工作相比，我每次都会花更多时间听他诉苦，所以没办法，我只能换人。但是奇怪的是，我也在德国生活了四年，从来没有觉得被歧视。那个人总是以受害者的角度看待德国，最终因为没能改变视角而离开。”

生活在美国的韩国侨胞中，具有受害意识的人非常多。许多人觉得自己是东方人，长相也不同，所以受到歧视，认为无论怎样努力，也无法融入当地人的世界。真的是这样吗？就因为他们是东方人所以只会被歧视吗？我不同意他们的看法。反过来我想问他们：“难道作为东方人、韩国人，就没有获利的一面吗？”

作为首位担任杜邦集团亚太区总裁的亚洲人金东秀就是一个代表性例子。很多人问他，作为亚洲人是如何升到那一位置的。他这样回答说："怎么说呢，虽然不能无视我因工作出色而受认可这一点，但是我觉得我作为韩国人、亚洲人也是有利的吧。"

听了这话，我犹如醍醐灌顶。一般居住在外国的人认为自己是韩国人，所以会有吃亏的地方，总是用受害者的眼光看待世界。但是金东秀总裁反而认为自己是韩国人所以获利。这是一个全新的视角，当然也是可能的。跨国公司打算进军韩国时，你觉得会举荐谁担任分公司经理呢？当然是会韩语的韩国人。

我是工科出身，在研究所工作过，40多岁时又在咨询公司待过。那时我常常想，我对经营学一窍不通，能做这种工作吗？对语言也很陌生，也不熟悉制作资料，所以常常怀疑自己是否有用。但是工作了几个月之后，我发现并非如此。因为是工科毕业，所以我能看到他们所看不到的地方，而且这一点在执行项目的时候起到了决定性的作用。

大家有什么受害意识呢？觉得自己因为什么事而

吃过亏呢？或者有没有觉得因此而获利呢？世事总有两面性，有得必有失，有失必有得。所以当你得到什么的时候，可以问问自己有没有因此而失去什么，相反，觉得吃亏的时候应该问问自己有没有因此而得到什么。那么，你的视角就会因此而转变。

用领导者的角度来提问

一位在大企业长期从事审计相关工作的朋友跟我分享了他的经历。他的工作是平均花一个月的时间调查子公司经营是否正常，将结果向董事长报告。工作的主要内容是发现问题并制订对策。他说第一周如入云里雾里，因为虽然收到了报告，但是无法理解其内容，根本不知该如何提问。到了第二周就逐渐清晰一点，开始清楚这家公司是什么样的公司、哪些地方做得好、哪些地方还有不足。

正式的审计从第三周开始。此时可以提出一些切中要害的问题，如为什么进行如此大规模的投资、为什么没有预测到这种风险、决策过程是怎样的、为什么选择那样的合作公司、过程是否透明等。虽然职员们都是各方面的专家，但是若问他们本质性的问题，他们就开始迟疑不定。当职员们被问及这项工作的本质是什么、现在所做的事情是否与工作的本质有关、现在出现的问题的要害是什么、今后应如何改变等问题，他们的水平在此时就会显现出来。

他说，尤其是询问关于工作本质的问题，90% 以上的人都回答不出来。要么说一些不着边际的话，要么答非所问，要么回避问题，因为他们虽然熟悉日常业务，但是从未主动问过，也没有想过、更没有被问过这样的问题。偶尔也有人能答到点子上，这种人后来都会做到总经理。我这朋友也是从审计人员晋升到了总经理，关于晋升秘诀，他表示，自己的审计工作就是用董事长的眼光看待公司。要在短时间内把握重点、找出问题、提出对策。当然，必须保持头脑清醒，敢于提出尖锐的问题。没有达到一定水平是绝对提不出问题的。同有经验的老员工们打交道并不容易。所以要进行高效学习，在短时间内了解各项业务，明白工作的本质，熟悉工作方式。

而更重要的是，要具备提出与众不同的问题的能力。由此可见，提问就是工作的本质。只有知道之后才能提问，才能问到点子上。那什么是“知道”呢？我们应将知道和熟悉区分开来。人们总是误以为熟悉的、长期做的、经常接触的就是知道的。但是，并不是说在某个小区里生活久了就能成为那个小区的专家。我认为“知道”是指超越专业的知识领域，发展到具备洞察力的阶段；应当对工作的本质乃至所属的整个社会都有一个广泛的了解；不仅是了解自己熟悉的领域，还意味着要具备看待世界的观点、历史知识，以及对人类的深刻理解。

了解工作的本质是其中的核心。了解本质就是理解核心，就是懂得轻重缓急、内外有别、亲力亲为或量力而行。理解工作的本质之后，就可以用崭新的视角看待熟悉的事物，也可以对别人认为是理所当然的事提出异议。而最主要的是，要能够客观地看待未来的自己和现在的自己，那样才能主动应对变化。在此过程中，最重要的就是具备思考和质疑的能力。

最近我听了关于区块链技术的讲座。用一句话来定义区块链技术的话，可以说是“打造信赖的技术”。以前，信用机构代替个人办事，如保管钱财、认证、担保等，银行就是典型代表。人们之所以把钱存入银行，是因为银行最可靠。如果打造信赖的这一技术得到普及，就会开创与现在截然不同的世界。

这个讲座让我震惊，问题随之接连产生：这项技术会如何改变现有工作？随着这项技术的应用，哪些行业会消失、哪些行业会兴起？我又向几位金融圈的友人询问相关问题，发现几乎没有人真正理解。他们虽然都听说过，但是并不知道这项技术究竟是什么。所以我觉得他们虽然对自己公司的未来感到担忧，但是却并没有考虑到点子上。

唯有学习才能产生疑问。如果你能准确理解新的技术，就会不断产生疑问，以提问为基础就可以进行恰当的思考，而且可以做出相应的准备。相反，如果你不主动学习这方面的知识，就只能杞人忧天，无法提出切中要害的问题，也无法思考到重点上，长此以往，有一天你会突然发现自己的事业崩盘了。众所周知，提问非常重要，但是为了使你的提问击中要害，你必须得多多学习。

了解本质

就是理解核心。

懂得轻重缓急、

亲力亲为或量力而行。

最主要的是要能够客观地

看待未来的自己

和现在的自己。

在此过程中，最重要的就是

具备思考和质疑的能力。

为什么不尽力?

吉米·卡特总统年轻时以优异成绩毕业于海军军官学校，并曾担任海军军官。当时有一场选拔核潜艇军官的面试，吉米·卡特的面试官是美国历史上服役时间最长的海军上将里科弗。里科弗问卡特的第一个问题是：你是否成功度过了海军军校的生活？吉米·卡特联想到自己以优异成绩毕业的事实，自信地回答：“是的！”里科弗紧接着问道：“那么，你觉得自己尽力了吗？”“是的，”卡特回答，然后犹豫了一下，又改口说，“不，没尽力。”里科弗立刻严肃地反问道：“为什么不尽力？”吉米·卡特无言以对，面试就这样结束了。之后，卡特被选为潜艇军官，后来还成了美国总统。可是里科弗上将那句“为什么不尽力”的发问一直萦绕在他的脑海中，最终成了吉米·卡特的人生观。

伊藤元重在《年轻人，五年后你在哪里》一书中谈及尽力的重要性。他说：“研究者的人生是一个三级火箭。在生活中，要多次将老旧的火箭拆掉，并点燃新的火箭，只有这样才能让你一生都保持动力。而要想抛掉旧火箭，就必须先将其中的燃料耗尽。如果没有实现年轻时确定的目标，就无法实现人生火箭的逐级推进。就我而言，作为一个研究者，为了获得认可，我在著名的学术刊物上发表了5篇以上的论文。而且我经常问自己：是否学习到自己满意的程度？我人生火箭的燃料燃烧了多少？是不是还没有燃烧殆尽就想将一级火箭拆掉？”

没有比面对自己更可怕的事了，因为很多事你瞒得住别人却瞒不过自己。克服墨守成规的切实方法就是不留遗憾，全力以赴。如果下定决心全力做某事，那么不管结果如何，你一定可以毫无遗憾地完成那件事。这样一来就必然只有一个选项，而且，你眼前的不安也会随之消失。

伊藤元重的提问让我脊背发凉。之前作为工程师，我并没有尽力，只是模仿别人所做的事而已。虽然换了工作之后，现在比以前更加努力地经营生活，但是对于“是否尽力”的提问，仍然很难自信地回答，因为自己或许曾在某个时刻出现过投机取巧的念头。大家的情况如何呢？是否可以自信地回答这个问题呢？

不思考就无法提问，反之，不提问也无法思考。人们在被提问的瞬间会进行思考，所以由此看来，提问就好比尖锐的锥子，可以唤醒人们沉睡的灵魂。有的问题虽然可贵，但是却并不怎么被问及，如“你现在幸福吗？对现在的生活满意吗？你尽力了吗？”

让我们把问题缩小一点。如果以后的日子只剩3年，你想怎么活？人们对此会怎么回答呢？可以想象会有很多不同的回答，如辞职、从现在起做自己想做的事、去旅行、和心爱之人多待一会儿等等。那么现在就让我们来看下一个问题：为什么不能现在立刻去做呢？什么时候能过上想要的生活呢？什么时候才能幸福呢？

每个人都想生活幸福，没有遗憾、没有留恋、潇洒地过完一生。我们有办法了解自己现在是否正在那样生活。

如果能够堂堂正正地说出“就算只有一年可活，我也要像现在一样生活，走完这一生”，那就意味着你现在过得很好。相反，如果觉得像现在这样过完一生十分遗憾的话，那么就意味着现在的生活有某种缺憾。有遗憾的人生就像燃料没有耗尽，而完美的人生则是已经完全燃烧。不完全燃烧会产生大量浓烟和气味，而完全燃烧则不会这样，会非常干净。

大家想要过什么样的生活呢？我希望自己的人生燃料能完全燃烧，希望能够不留遗憾地过完一生，希望在活着的时候做自己喜欢的事情，希望自己干干净净地来，干干净净地走，希望能够竭尽自己的毕生精力。大家的想法如何呢？

就算只有一年可活，

也要像现在一样生活吗？

如果内心这么觉得，那就意味着你现在过得很好。

但是如果像现在这样活着过完一生，

真的会觉得遗憾吗？

如果内心这么觉得，

那意味着你现在的生活是含有某种缺憾的。

耀眼的失败胜过平凡的成功

我曾给一位单纯的中小企业主提供咨询。他喜欢技术开发，所以光靠技术就创办了一家非常不错的企业，不过在管理上出现了问题。虽然公司挣了很多钱，但是他本人却只拿很少的一部分，大部分钱都用于投资员工。他不仅给员工开高薪，还给予他们优厚的福利，因为他相信，这样一来员工们会更加努力地为公司工作。但是他的期望落空了。负责运营的副总经理和部长们勾结发动“叛变”。有一天，部长们突然辞职，成立了竞争公司，并鼓动部分员工跳槽。公司的氛围因此变得一团糟。

最终消息传至客户的耳朵里，公司如风前残烛一般，摇摇欲坠。

他走进公司，与员工们面谈，了解现状，发现问题出乎意料地简单。一些与公司貌合神离的员工既不工作，又在公司处处挑起是非，下面的员工也跟着沆瀣一气，这才导致公司步入歧途。这其中不当的评价制度也起到了推波助澜的作用。比起努力工作的人，那些油头滑脑的人反而工资更高。于是他调整评价制度，辞退或培训状态不佳的员工，几个月后，公司又重新恢复了稳定。

有一天，我在和这位总经理共进午餐时，问他在此过程中学到了什么。他回答得很简单："我之前太不懂人情世故了，以为只要单纯地优待员工，大家就会相信我，对我忠诚，全身心投入公司的工作中，但是好心未必会有好报。现在我认为首要的是，公平的评价标准，以及实行该标准的严格纪律。我之前对于人是怎样的一种存在还了解不够，原本以为挑选合适的人才是最重要的。"

汽车行业的至尊品牌当属丰田。无论是美国，还是欧洲，乃至非洲，到处都能看到贴有丰田标志的汽车。那么丰田是如何成为最佳汽车公司的呢？难道丰田没有经历过失败，一路都是高歌猛进吗？并非如此，丰田也有惨痛的过去。1957 年 8 月，丰田首次进军美国，搭载 1.5 升发动机的皇冠牌丰田车在日本小姐的拥护下进入美国市场。但是这类汽车的动力实在太弱，无论怎么踩油门，车子都无法达到期望的速度。福特的一位领导讽刺皇冠是一块废铁。于是，丰田首次进军美国市场以失败告终。如果丰田因此受挫，不再向海外出口，结果会怎么样呢？

其实，谁都会失败。若想不失败，最好的方法就是不做任何尝试。但重要的是要从失败中学习，不再重蹈覆辙。那么丰田从第一次进军海外的失败中学到了什么呢？“在国内热销的车在国外不一定畅销。每个国家环境不同，需求也不同。要想在国外市场畅销，必须让所有车辆符合当地的行驶条件。”之后丰田再也没有将国内车型原封不动地销往海外。

失败是最好的教材，所以我们必须分享失败，并从中学习。澳大利亚企业家菲尔·丹尼尔斯曾说：“我们给予耀眼的失败以褒奖，而会惩罚平凡的成功。”我们可以通过失败成长，因此，与其畏惧失败，不如通过失败努力学习。如果你失败了，不妨提出以下问题：为什么会失败？最大的原因是什么？我们从中学到了什么？为了不重蹈覆辙，我们应该怎么做？

→从失败中汲取智慧的问题

- ● 你最近在哪件事情中遭遇失败？
- ○ 你觉得那件事情失败的最大原因是什么？
- ● 如果没有失败，现在会是什么样的情况？
- ○ 因失败而获得的好处是什么？
- ● 经历过同样失败的其他人是如何克服这些失败的？
- ○ 至今为止你人生中最大的失败是什么？
- ● 那次失败使你的人生发生了怎样的变化？
- ○ 那次失败之后，你做了哪些努力？
- ● 经历失败之后，你领悟到的教训是什么？
- ○ 如果你有朋友经历了失败，你想给他什么建议？
- ● 人生就是失败和成功的不断交替。为了应对下一次失败，你想对自己说些什么？

第四部分

增强领导力的提问

用提问打动对方

大家主要向员工问些什么问题呢？那些问题能给他人带来灵感吗？你有没有通过提问给公司注入过活力呢？

20 世纪 30 年代，通用汽车公司的凯迪拉克品牌面临滞销危机。新任项目部部长向高管们提了各种问题，其中之一是关于竞争者的问题。他问："我们的竞争者是谁？"员工们回答说是像奔驰或宝马这样的竞争车型，但部长却有不同的看法，他说："我们的竞争对手不是别的汽车公司，而是貂皮大衣和钻石。"他将凯迪拉克的本质定义为奢侈品。谁都未曾想到，这一全新视角就这样改变了公司的发展战略。公司以前重视汽车的加速性能和油耗性能，如今考虑的是如何打造更加高档、优雅的车。这一事件之后，通用汽车公司的凯迪拉克事业部重焕生机。这是领导通过提问拯救一个事业部的例子。

领导美国海军战舰“本福尔德号（Benfold）”的迈克尔·阿伯拉肖夫 (Michael Abrashoff) 舰长也是通过提问实现制度革新的人。“本福尔德号”战舰是军人最不喜欢待的一艘舰艇。可能是因为与舰艇相关的不满太多，导致舰艇上的案件、事故也接连不断。迈克尔·阿伯拉肖夫一上任就与全体 300 名船员进行了每人 15~20 分钟左右的单独谈话，并提出了三个问题：对哪一点比较满意？有什么不满？如果得到授权，你想怎么整改？他并没有进行说教，而是通过提问获得了人们的想法和主意。不久之后，这艘舰艇就成为所有军人最想服役的船。所以要想成为领导，首先要学会有效地提问。

大家在会议前会准备什么呢？是想待会儿准备训斥谁，还是着手准备打动员工的讲话呢？大部分领导都会在笔记本上写满自己想说的话，在会议期间也总是说自己想说的，员工们则只会对他的提问进行回答。会议结束后，领导能否取得想要的成果呢？我觉得并不会。他只是说出了自己想说的话，很可能得不到想要的结果，而员工们也不过是听取了上司的想法而已。

较之于想说的和要说的话，我建议大家准备一些问题。作为领导，应当考虑提出什么问题才能让自己想说的话从员工的口中而不是自己的口中说出，并准备相应问题。这绝非易事。当然，说话可以无须斟酌，这样话语的感情色彩会比较浓厚，同时，我们也需要注意，言多必失，甚至会出现前后矛盾的情况，如果出现这些情况，你的说话感染力就会下降。

但提问却不同，提问不是说出自己的想法。为了提问，你需要通过独处进行深思，在此过程中，不需要的、无用的话都会被过滤掉。要想把想说的话转变成提问，必须站在员工的立场上进行思考。这个过程尤为重要，因为这是在进行自我省察：我是否传达到位了？员工们是否受过充分培训？实现目标的保障是否足够？战略目标本身是不是有错？我是不是逼得太紧了？

畅所欲言当然容易，但是把想说的话变为问题，让其从员工的口中说出则非常困难。领导不可能知道所有答案，所以应当通过提问调动员工的参与度，让他们开动脑筋。你提的问题反映了公司的水平，最近你主要问些什么问题呢?

美国“本福尔德号”海军战舰

是军人们最不喜欢待的一艘舰艇。

新任舰长

迈克尔·阿伯拉肖夫向所有船员

提了三个问题：

“对哪一点比较满意？”

“有什么不满？”

“如果得到授权，你想怎么整改？”

较之于讲话，他选择了提问。

此后“本福尔德号”成了所有军人

最想服役的军舰。

领导应如何提问

世界知名领导力教育机构CCL对119名成功的跨国公司总经理进行了问卷调查。对于“您认为成功领导者的必备素质是什么”这一提问，位列第一的回答会是什么呢？是确定企业发展方向？传播企业愿景？拥有战略思维？还是适应时代变化？都不是。排在第一的回答正是“提问能力”。此外，“营造提问氛围”的回答排名第四，“抓住机会提问”这一回答排名第六。因此，我们可以说，领导力就是提问能力。

有一位经理在一家所有权从韩国人手中转移到外国人的公司工作，他总是牢骚满腹，面带不悦。可过了一段时间再见面，我发现他容光焕发，这让我感到十分惊讶，问他是不是有什么好事发生，他回答："是吧，脸色确实变好了，最近总能听到别人这么说。"问其原因，他回答说："嗯，最大的不同是上班变得有意思了，因为我和现在的总经理关系变好了。以前的总经理总是对我下达指令、控制一切、唠叨不断，这让我觉得自己很可怜，但是新来的总经理却通过提问让我工作。奇怪的是，虽然同样都是给我分派任务，但是感觉不一样，现在真正有了工作的滋味。"

我让他说得再具体一点，他说："比如有一次总经理把我叫过去，问我在这个领域工作了多长时间，我回答说大概有 20 年。总经理于是说：'那么你在这个领域的工作应该是韩国最棒的了。'我稀里糊涂地回答'是'。随后，总经理继续问道：'那么不仅是在韩国，在全世界，你也应该是最棒的吧？'不知为何，我感觉并非如此，所以回答'不是'。然后他问我如果全世界做得最好的人是 100 分，我能得多少分，我没多想就回答说'大概 70 分'。接着他又继续问道：'那么明年这个时候，你打算提高到多少分呢？为此你觉得应该怎么做呢？'

我这才开始思考，并将其作为我的工作目标。因为这并不是谁逼着我去做，而是我将自己内心的想法付诸行动，所以不仅思路清晰，而且倍感自豪。我发现，提问会让人头脑动起来。”

看了上面的例子，大家有什么想法呢？其实领导者扮演的就是提问者的角色，应当通过出色的提问让员工进行不同的思考，培养他们看待事物的新眼光。员工若只是按照领导的单方面指示去工作，责任心就会变得淡薄；但是在接到老板的提问后，则会带着思考进行工作，甚至会主动分担责任。因此，提问是培养员工的最佳武器。

那么领导应该问什么问题呢？让我们从提升成果的问题开始思考。没有成果意味着什么呢？首先，可能存在目标不明确的情况；其次，也有可能是没有考虑现在的水平而制定了过高的目标；当然，还有可能是方法论出现了错误。哪怕只就这三种情况进行提问，成果也会好很多。

首先就目标进行提问，这是最重要的。作为领导，要看员工的目标是否明确，是否与公司的整体目标一致，是否有为目标奋斗的决心。令人意外的是，很多员工的目标并不清晰，不知道要做什么。在这种情况下，领导应当继续追问，直至其明确目标。这是对员工行为的初始化。领导应当问问员工确定的目标部分是什么、想要哪里更加明确、能否量化目标。同时还要问问实现目标对其本人而言意味着什么，因为很多员工认为目标是一种分派任务，实现目标对自己而言是一种负担，达成目标只对公司有利，对自己并无意义。其实最好是让员工自己领悟到实现目标对其自身来说也意义重大。与目标同样重要的是分享目标的过程。

其次是就现状进行提问。如果员工知道自己的目标，那么接下来就要问问他们达到了什么程度。如果目标是100分，但现在他们只取得了10分，这该怎么办？目标没有多少实现的可能性，则员工自然没有动力，那就不是目标激励着员工前进，很有可能成了目标和员工分头行动。这样绝对不行。比目标更重要的是，员工能够客观冷静地看待现在的自己。如果一辈子都没有写过文章的人决心一年后要成为小说家，这简直是无稽之谈。领导力的出发点就是要帮助员工认清自我。这就需要领导问问员工现在处于什么位置，并对回答进行严格验证；要问问他们自认为自己是什么样的人；如果成就不尽人意，是否有什么原因；在满足什么条件的情况下，能够取得更好的成果。当然，领导需要从多个角度提出相关问题，可以问问员工心目中的个人形象、别人眼中的自己形象，以及自己的特点、优缺点是什么，等等。在这个过程中，最重要的问题就是关于员工个人的价值观、气质和特点的提问。

再次是就如何缩小目标和现实之间的差距进行提问。这是关键，目的是询问员工采取什么战略来实现目标。核心之一是追求平衡。如果目标是抽象的，就要问问他们其中的具体细节是什么；反之，如果目标太过详细，那么就要问问他们通过这些小目标要实现的大目标是什么。如果员工们只说长远目标，也要问问他们短期目标是什么；如果只谈论个人行动，也要问问他们站在公司层面该怎么做。领导可以将大目标细分成多个小目标，有时也需要重新确定目标的优先次序。当然与其算来算去，让员工从简单的目标开始着手也是一种方法。领导需要以问题的形式询问员工的想法，最重要的是要问问他们有没有什么难处，有没有需要领导帮忙的地方。这些问题没有正确答案，在天南地北地谈论目标的过程中，可能会浮现出很棒的创意。

最后，最重要的是要问员工实现目标对本人而言有什么意义。上班族最常抱怨的就是“公司没有发展前景”。每当听到这样的言论，我就不禁纳闷公司怎么会给出发展前景呢？发展前景不是别人给予的，而是自己在工作中找寻的。寻找发展前景的最好办法就是问问自己现在视为目标的工作对自己有什么意义、现在这份工作是否能够在自己的简历上添上出色的一笔、五年后该如何评价这份工作、现在应该怎么做才能在今后积极评价这份工作。无论是提问者还是回答者，刚开始都不会有答案，可以天马行空地思考，久而久之就能从抽象的轮廓中逐渐找到具体的内容。

“你在这个领域工作了多长时间？”

“大概20年。”

“那么你在这个领域应该是韩国最棒的了，

在世界也是最棒的吗？”

“好像不是这样的。”

“如果世界做得最好的人是100分，

你觉得自己是多少分？”

“大概70分。”

“明年这个时候，

你打算提升至多少分？

为此你需要怎么做？”

提问的三个前提条件

我认识一位CEO，他是化学专家，不仅拥有博士学位，还拥有丰富的工作经验，并且也有领导能力，所以走到了现在的位置。但他很谦虚，总是把不知道挂在嘴边，说自己所知道的只局限在一小部分领域。听说最近他们公司收购了一家生物领域的企业，公司派他去管理。一次我和他碰巧见面，于是问他是怎么一回事，他说不久前董事长问他对这个领域是否了解，他回答说不了解。他说化学和生物是完全不同的领域，不明白董事长为什么要把那块领域交给自己。但是我似乎可以稍微理解董事长的意图。何谓真正的“知道”？能够区分已知和未知，了解自己不清楚的地方是哪里，并且明白自己应该明白什么，这不就是“知道”吗?

如果觉得自己已经知道了就不去提问；如果觉得自己不知道，并且真的有所不知而提出问题，这样的提问才会使我们成长。但是在某一瞬间，人们突然不再提问。取得学位后在某个领域工作几年，所有的疑问便荡然无存。若是听到别人称呼自己为专家，并且自己又到处开讲座，更是觉得自己最懂，不应该是自己问别人，而是别人应该请教自己。其实从那一瞬间开始，你就已经在后退。我喜欢留心观察别人是否提问、经常问什么类型的问题。大多数人都并不提问，尤其是成年之后，很多人都几乎不再问问题。那些人自视无所不知，当然也不会说自己不知道。

提问有三个前提条件。第一是谦虚，要认识到自己存在不足。公司里升职的人大多是聪明人，但是再往上升，就可以把聪明人和更加聪明的人区分开来。我们可以把人分为真聪明和假聪明。假聪明之人，说白了就是虽然本人自以为自己很聪明，但是其他人却并不敢苟同。这样的人是绝不会承认自己不知道的，他们可能会觉得自己无所不知，或者就算有不知道的地方，也会竭力不显露出来。他们觉得暴露自己的无知本身就是有损自尊的行为。如果在这样的上司手下工作，员工会非常辛苦。因为上司认为自己知道得太多，无所不知，所以员工只需执行上司的决定或按其指示办事即可，无须亲自考虑问题。但是真正的聪明人却并非如此，他们清楚地知道自己知道什么、不知道什么。如果知道，就说自己知道；若不知道，他们也能坦率地承认自己不知道。因为他们有自信，所以对于不知道的领域会真心地提出问题。这种工作环境中，员工们自然会充满干劲，因为上司在听了自己苦思冥想得出的主意后，会做出高质量的决策。区分是否是好领导的最佳方法之一就是领导是否经常说“我不太清楚”。在未准确把握情况之前，毫不犹豫地说“我不知道”的领导才是好领导。

第二是尊重他人。提问的用意和提问的内容同样重要。只有以纯粹的意图提问，才能得到想要的答案。如果本意并不想提问，但是又不得不问，那么什么也问不出。我们要尊重对方，嘲笑他人的人绝对不会提问，就算提问也会立刻被对方识破。只有怀有尊重他人之心才能提问，只有觉得“那个人比我知道得更多，他比我更精通于那个领域”“那个人对现场了然于胸，只有通过那个人才能掌握情况”，才会提出问题。如果尊重之意能如实地传达给对方，那么对方也会真心地回答问题。

最后一点是自我训练。只有经过自我训练的人才能提出问题。自高自大、信口开河的人很难提出问题。目前，最妨碍韩国生产力发展的是，过于明显的等级秩序。人们总是认为“上级在前，作为下级的我怎能先回答”。借用荷兰心理学家吉尔特·霍夫斯塔德（Geert Hofstede）的话，这就是权力距离（power distance）。在韩国文化中，上下级距离最远，下级非常敬畏上级，年轻人无法对长辈畅所欲言。这真的是非常严重的问题。只有解决这个问题，才能提高生产力。

年龄增长并不意味着更有智慧，同样，年纪轻轻也不意味着不知道解决办法。然而实际却是，下属总以年纪轻为由缄口不言，上司明明不知道，却总想提出解决办法，那么，公司这艘船当然会偏离航道。典型原因就是提问消失了。最近很多企业都在竭力消除这种文化，创造水平文化。有些公司开始用“先生/女士”代替职级称呼，但是改变称呼并不意味着水平文化的形成。

我认为水平文化的定义就是指摘掉职衔，创造一种大家可以畅所欲言的氛围。为此，领导需要进行自我训练，其中，需要培养自己的耐心。作为领导，就算有想说的话，也要忍住，要向别人提问，听听他们的想法，要学会认可他人。

提高工作效率的首要原则

很多公司每个季度都会召开业绩考核工作会议，在对目标和业绩进行评比之后，公布下一季度的目标，并讨论实现目标的战略。会议通常持续两天一夜。我经常受邀去做专题讲座。每次我都会提前去，坐在后面听大家聊天，也顺便熟悉公司氛围。大多数情况下，现场的氛围非常严肃，大家都板着脸，只盯着数字看，现场感受不到任何成就感和喜悦之情，只有紧张感和极度的压力。大家神情紧绷，分析没能达成目标的原因，虽然嘴上说下一季度会做得更好，但是我预感下一季度可能还是达不到目标。因为有老板在，所以不好直说，但是他们没有完成目标的原因似乎有很多。目标本身是由公司上级制定的，相关战略也不是员工自己思索出来的，所以员工的执行力当然不够。为这样的会议准备几页材料，大家也就是形式主义地走走过场罢了，显得自己好像为了完成目标在努力工作。

大家所在的公司如何呢？你是否可以自信地说“我们的公司不是这样，我们有实现目标的强烈决心，大家把工作当作自己的事情一样，愿意不辞辛劳地工作”呢？一般而言公司中最缺乏的是什么呢？其实大多数公司最缺乏的是主动性。员工被动地、不情愿地工作的情况很多，他们觉得这不是自己的事，只不过是公司的事而已。如果能够培养员工的主动性，那么工作效率就会提高很多。

那么为了提高员工的主动性，应该怎么做呢？有没有不花一分钱并且很容易就提高的方法呢？有的，那就是在设定目标或者是解决问题的过程中，用提问代替指示。不要强迫员工接受领导的想法，而是引导他们说出自己的看法。没有人会清洗租来的车，因为那不是自己的车；同样，别人来制定目标，员工会有工作动力吗？员工会想着一定要实现目标，让老板高兴吗？恐怕并不简单。尽管同样都是设定目标，但是别人单方面地下达目标和自己苦思冥想制定出的目标是完全不一样的，在执行力上会有很大的差异。解决问题也是如此。上司告知解决问题的方法和本人通过思考找到的解决办法在执行力上也有很大区别。

虽然父母、老师等权威人士总是习惯性地强求他人做某事，但是其结果很难持续。没有人会在被强迫后改变自己的想法或态度。你有听说过一个人会因不绝于耳的唠叨而做出改变吗？但是有些人之所以会强迫他人做某事，是因为这是最简单、最方便、最经济的方法，并且这样做只需发泄自己的感情而无须考虑别人的意见。

这种方法虽然容易，但是却没有效果。被强迫的人不会进行思考，因为十有八九是听不进去的。提问需要慎重的思考和行动，提问时需要放慢自己思考的脚步，倾听对方的回答。对方会为了回答问题需要思考片刻，而这正是我们所想要的。让对方思考其实就是在说服对方，而这只有通过提问才能实现。

被命令的人只需动动胳膊和腿，而被提问的人则需动脑。互相提问不仅可以清楚地了解彼此的观点，还能在互动中获得新的创意和洞察力。这可以提高决策质量和执行力，最大限度地减少分歧。如果彼此都坚持认为自己的想法最好，则会导致冲突。在意见冲突时，相比于单方面的指示或主张，提问会更加有利。通过提问可以暂时搁置自己的意见，理解对方的见解和关切。如果通过提问能够提高员工的主动性和执行力，那么工作效率就会提升。想要提升员工的工作效率，第一步就是询问他人的想法，并让其参与决策过程。

团队中的个人心理安全感

下面是我对大企业高管进行团队管理指导时发生的事。因为指导的不是一个人，而是以三四个人为对象进行团队指导，所以我能感受到，随着人员构成的不同，团队氛围也会有所差异。人少的时候，虽然氛围轻松愉快，但多少有点冷清；人太多的话也有缺点，会因时间不够而无法深入交谈。不过在这些高管之中，有一个人特别擅长营造气氛。他很会聊天，每次都会带来新鲜的新闻，而且最重要的是，只要我提问，他都会积极坦率地吐露心声，活跃现场气氛。我打心眼里觉得他是一位沟通达人。

但是有一天，我让大家轮流谈谈自己的烦恼时，他却说自己遇到了沟通上的困难。大家非常吃惊，问他怎么回事。他说："每周一早上，公司都会召开高管会议，但是会议气氛非常沉闷。现场太过严肃庄重，除了总经理之外，谁也不说话。当我发言的时候，如果中间遇到高压问题，脑子就会变得一片空白，不知道该说什么。所以我会事先把要说的内容用大号字体写好放在电脑桌面上，轮到我现场发言的时候，几乎就是照本宣科。"如果你是这家公司的高管，在开会时能自由地表达个人意见吗？能够提出问题吗？如果是我的话，在那种氛围下，可能也会保持沉默。

领导者就是提问者，可以通过提问汇集他人的想法和智慧。不过有一个重要的前提条件：人们不会轻易回答问题，同样也不会因被要求提问而提问。人们会本能地知道，是现在提问比较好还是坐视不理比较好。人们只有在适合提问的氛围里才会敞开心扉，自由提问，自由回答。所以比擅长提问更难的、更重要的是，创造适合提问的氛围。

《高效工作与生活的秘密》一书中就谈到了这一点。

书中介绍了谷歌的“亚里士多德计划”。谷歌挑选了一支成绩斐然的团队，调查它如何取得如此骄人的成果。结果表明，关键就在于“团队协作”。团队协作，顾名思义就是，不是由个人而是由团队共同完成工作。根据谷歌的调查，累累硕果并不是由能力出众的个人创造，而是由协作能力优秀的团队所创造。因此，领导应当努力做好团队工作。对此，这本书中介绍了五种行动指南。第一，要坚信分派给自己的工作很重要；第二，要相信这份工作不仅对自己，而且对整个团队都很重要；第三，要明确团队目标和个人作用；第四，员工要相互信任；第五，要有心理安全感。

其中最重要的就是心理安全感。在团队中，能够放下心理包袱、不看任何人的眼色发表自己的意见就是心理安全感。书中还介绍了实现心理安全感所需的条件：第一，不要打断员工说话；第二，将员工说的话进行总结，并再说一遍；第三，欣然承认自己不知道的东西；第四，要给予全体与会者发言的机会；第五，要鼓励陷入困境的员工倾诉挫折感；第六，要停止对个人的批评，通过公开讨论化解分歧；等等。

大家在公司里有没有心理安全感呢？开会时有没有一种轻松发表个人看法的氛围呢？只要能够保障心理上的安全感，人们就会乐意参与到公司的规划中，并提出自己的意见。我认为实现心理安全感的条件就是“上司要真心爱护员工”。作为领导，应当要有这样的想法，即员工比我更好，他们不是靠我过活，而是多亏了他们，我才过上如此幸福的生活。领导需要明白，自己的作用就是营造让员工安心工作的氛围。

以真心换真心。如果领导怀有这样的想法，那么这份真心自然会通过表情和神态传达给员工。领导要经常向员工提问，认真听取他们的答复，对不了解的地方要再次询问，如果同意他们的意见，就要在实际工作中反映出来，并向他们表示感谢。心理安全感不是一朝一夕形成的，当人们意识到领导的想法和行动、领导的为人在发生改变时，员工的心理安全感便会逐渐产生。

人们不会轻易提问，

甚至不想回答问题。

当人们认为闭嘴才是最安全时，

没有人会再开口。

营造自由交流的氛围

最重要的条件就是

心理安全感。

心理安全感就是员工们能够放下心理包袱、

不看任何人的眼色，

发表自己的意见。

大家在公司里

有没有心理安全感呢？

开会时有没有一种可以轻松发表

个人看法的氛围呢？

工作的本质是什么

我曾指导过从事海运业的公司高管。我问他海运业的本质是什么，他回答说，海运业其实就是“金融业”。这一回答让我十分意外。海运业的本质就是金融业？这是一个完全出乎意料的回答。我又问他为何这么说，他这样回答：

“海运业靠运输货物赚钱，但是钱不多。贱时买船，贵时卖船，从中赚取差价，这个钱是非常多的。希腊的船王奥纳西斯就是其中的代表。为此我们必须深入解读市场，清楚地了解买卖船只的时间。采购时间也非常重要。如果预计今后市场繁荣，且船舶数量较少，则应订购船只。有时，我们与造船公司就造船价格和造船时间签订合同后，在造船过程中会出现市场船价猛涨的情况，所以之前订购船只本身就是赚钱。当然中途我们也会出售船舶赚取差价。反之，如果预计市场船舶数量泛滥，我们就把船只卖掉，租船使用。因为造船成本巨大，所以根据时机进行决策决定着造船业的成败。”

三星的李秉喆会长问得最多的问题就是关于工作的本质是什么。他经常问道：“我们所做的事情的本质究竟是什么？”对此，他的想法是这样的：

“企业就是企划事业。‘經营（简体字为“经营”）’一词的‘經’字是指用绳子拉线，‘营’字是指搭好拉线的框架。所以‘經营’就是指在建房或修路时，提前做好测量规划。保险行业取决于保险经纪人，保险经纪人主导着全部工作，所以招聘和培养有能力的保险经纪人至关重要。百货商店是流通业兼服务业；酒店属于装备产业，同时具有房地产业的性质；半导体是与时间赛跑的时间产业，LCD（液晶显示器）业务也是时间产业，它们取决于如何与时间展开较量。错失机会将造成巨大损失，而挽回损失则需要大量时间。信用卡行业就像卖酒生意一样，因为较之于销售额，酒吧的成败更多地取决于进账多少。为回收不良债券和减少拖欠率，构建债券回收系统非常重要。”

其中，我觉得“半导体和显示器的本质就是时间产业”这一观点非常贴切。如今韩国之所以在半导体和显示器领域成为领头羊，就是因为看准了行业的本质。这两大产业都需要及时进行大量投资。如果错过时机，即使投资再多也无法收回成本。韩国有强大的投资方，所以能够适时进行这样的大规模投资。

台湾地区则不同。曾几何时，台湾地区也拥有发达的半导体和显示器行业，但是现在却没有了。大家知道原因是什么吗？因为台湾地区的企业股东数量庞大。换句话说，是因为企业没有拥有强有力决策权的人，所以决策难度大、耗时长，其结果就是整个行业都错失良机，丧失了竞争力。我越想越惊叹于李秉喆会长的洞察力。

忙碌地生活容易使我们主客颠倒，忘记事物的本质，而把时间花在细枝末节的事上。因此我们要定期提出与本质有关的问题，如我做的事情的本质是什么？我的工作的本质是什么？我是否没有忘记本质，做着符合本质的事情？因为我也做过很多很复杂的事情，所以会定期问问自己与本质有关的问题。至今我仍然把我的工作的本质定义为“写作”。虽然我有讲课、咨询、电视节目、推书等很多事情要做，但是其中的核心就是写作。所以我每天都会在凌晨抽几个小时写作。大家所做的工作的本质是什么呢？是否忠于本质呢？千万不能忘记这个问题。

忙碌地生活

容易使我们主客颠倒。

忘记事物的本质，

而把时间花在细枝末节的事上。

因此我们要定期

问问与本质有关的问题。

我做的事情的本质是什么？

我是否做着符合本质的事情？

我是否忠于本质？

没有反省的领导没有未来

我们在开车时，经常能看到前车的后玻璃窗上贴着“内有宝宝”的标识，这是提醒他人车内有小孩，请小心驾驶。但车上贴有这样标识的很多车主却经常危险驾驶。不知道司机是不是觉得车内有婴儿的时候就可以随意驾驶，但有一点可以确定的是，司机本人都没有抓住问题的关键。他们要求别人小心驾驶，自己却胡乱开车。

目前爱茉莉太平洋公司（Amore Pacific）的事业欣欣向荣。借助韩流热潮和此前积累的实力，公司股价不断上涨，似乎已无所羡。但是其董事长徐庆培经常向公司高管们提出以下问题：“大家如何看待我们公司现在的状态？我们真的拥有如此强大的力量吗？现在公司发展得这么好是因为我们自身实力，还是因为外部因素呢？”他为什么提出这样的问题呢？因为他觉得公司如此发展并不是因为自身实力，而是因为外部因素才取得如此骄人的成果。他认为：“涨潮之时死鱼也会浮出水面。现在我们的业绩中有泡沫，如果泡沫破灭，公司将会不堪一击。”这是有危机意识的表现，他想让公司高管们透过现象看到本质。

董事长徐庆培最重视的一件事就是自我反省的能力。所谓领导力，就是具有自省能力，不能正确审视自己的人不配当领导。自省虽然重要，但却很难做到。如果具备自省能力，那么个人就能持续成长和进步。那大部分人是怎样的呢？很多人稍微做出点成绩就飘飘然、扬扬自得，觉得自己非常了不起，走起路来大摇大摆，而周围阿谀奉承之人越来越多，久而久之就迷失了自我。

关于自我反省，可以将人分为以下几类。最上者是在顺风顺水时审视自己。越是发展顺畅，就越是谦虚谨慎，这样才能持续成长。其次是出现问题时反省自己，思考究竟问题出在哪里、如何解决问题。这是普通之人。

最下者是即使陷入困境也不反思。他们不从自身找原因，反而怪罪他人和环境。孔子将此称为“困而不学”，意思是即使遇到困惑、困难，也不肯学习。这种人无可救药。

自我反省需要独处，需要在冥想的同时，冷静地审视自己，需要跳出自身、站在第三者的角度看待自我。并且还要创造能够接受知性刺激的环境，远离趋炎附势的小人，亲近敢说真话的良友。正如糖水会招引成群的蚂蚁，成功之人的周围总会聚集一些像蚂蚁一样有所企图的人。为更好地分辨这类人，就要有意识地亲近那些总说真话、准确道破事实的人。最重要的是要自我发问，向自己提出恰如其分的问题。

→自我反省的问题

- 努力但未取得成效的事是什么？原因是什么？
- 反之，没有做出特别的努力，却取得了意想不到的成果的事是什么？你觉得为什么会这样？
- 如果现在发展顺利（或者遭遇困难），你预计会持续多久？原因是什么？
- 自己在哪方面做得好，在哪方面需要改善？
- 为了实现自我发展，需要怎么做？优先顺序是怎么样的？
- 为了实现目标，自身还需要什么力量？

提高面试质量的提问

经营就是招聘，就是招聘优秀人才，让他们取得最佳成果。如果能招到合适人选，就算其他方面稍有不足也无妨；相反，如果选人不当，其本身就是灾祸。因为无论怎么优待、鼓励他们，也于事无补。他们不会为公司而工作，只会考虑自己。而且想要改正他们的错误，公司领导需要付出很多精力。由此可见，招聘工作非常重要。

那么，什么是招聘？招聘的核心是面试，就是通过一场成功的面试录取合适的人选。不过面试并不容易。所谓知人知面不知心，面试就是了解一个人内心的方法。

参加面试的人往往想展示一个更好的自己，而面试官却更想了解他本来的面貌。这种不对等总是存在的，双方就像是一边持矛进攻，一边持盾防守。

那二者中谁获胜的概率更高呢？当然是来参加面试的人。尤其是像最近这样就业比较困难的时候更是如此。求职者迫切需要一份工作，所以他们为了进入公司，会彻底地研究这家公司是一个什么样的机构、遇到了什么样的难题、面试官主要问什么问题。相反，面试官们的情况如何呢？事实上他们几乎不学习。就好比运动员比赛，如果一方是几个月前就开始锻炼身体，调整状态，而另一方则只是到了比赛时间换上运动服而已，那么，双方根本不是在对赛。所以面试官经常招错人，总是被求职者的外貌和花言巧语所欺骗，不久后就非常后悔。公司则需要为招人不当而买单，并且又得重新招人，陷入一个恶性循环中。

韩语中“面试”一词对应的汉字为“面接”，由表示“脸庞”的“面”和表示“接受”之意的“接”组成，意为面对面了解彼此。“面试”的英语是“interview”，字面意思为“互相（inter）望着（view）”，即不是一个人单方面地看着他人，而是互相看着对方。虽然通常来说，面试就是指为了了解彼此而直接进行面对面交谈的一种活动，但是也有的面试不通过面谈，而通过电话、视频、邮件等进行。所以从广义上来说，为准确了解对方而进行的所有活动都可以算是面试。

那么面试最重要的是什么呢？我认为面试的核心就是提问。根据提问的不同，面试的质量也会有所差异。大家在招聘重要岗位的求职者时，主要问什么问题呢？或者自己在求职面试的时候被问过什么问题呢？提问内容因人而异，也会随着公司所处的境况而不断变化。所以很难说面试时必须要问哪些问题，除了工作能力的提问，一定也要考察一下求职者的品性和价值观。

在面试求职者时，我一定会问他为什么辞去之前的工作。因为相比于问他做过什么工作，问他为何辞职可以让他说出更多有关自己的故事。我还会问他们遇到过的最困难的情况是什么、是如何克服的、从中学到了什么。如果克服了极度困难的情况，那么可以说他的能力得到了一定程度的证明。此外，最后一个问题也很重要。我一定会问求职者这样一个问题：“有没有什么问题是你希望我问，但我却没有问的呢？请说一说！”通过最后一个问题就能看出求职者关心事项的优先次序。如果询问报酬或休假天数，说明求职者非常重视这一块问题，而如果问“我在那个工作岗位上能学到什么”，则说明他非常关心自我提升。

最好不要问可以预测到标准答案的问题，也不要问从书本或网上容易了解到的内容，因为这是在浪费时间。一定要通过提问来检验求职者对公司了解多少，因为他们对公司越关心，就会知道得越多。另外，关于业务方面的具体工作能力的提问也是必不可少的，例如：你会操作什么会计软件？有没有做过网上营销？你觉得用什么方法可以提高装配线的效率？等等。这种体系化的面试能让面试官的关心点固定在具体的事项上，因此比非体系化的面试更加有效。

提问是最佳激励工具

在新员工入职培训时，人人都充满活力，不仅健谈、开朗，而且擅于提问、乐于回答，士气非常高昂。因为大家在就业艰难之际能够入职公司感到十分喜悦。虽然会担心能否顺利过好职场生活，但是出于对未来的期待，大家都很兴奋。可过了两三年，再去员工培训现场看一看，会发现气氛完全不同。和新员工相比，他们不仅寡言少语，而且表情无甚变化，甚至也不怎么回答问题。因为他们发现，曾经幻想的公司与实际大相径庭，觉得自己英雄无用武之地，只能按照上级的指示做一些毫无价值的事情。很多人都无精打采，也有很多人会考虑是继续在这样的公司待下去，还是另辟蹊径。这种现象屡见不鲜。员工无精打采的最大原因是什么呢？为了消除这种现象，应该怎么做呢？我认为这是很多公司所面临的最大难题。

虽然这不可能有正确答案，但是有没有消除员工的无力感、让他们重新振作起来的最佳方法呢？首先需要考察一下什么是无力感。无力感总是在自己无事可做、无用武之地时出现。当员工觉得自己所能做的只是按照上司的指示跑跑腿而已时就会产生无力感。如果一个人觉得自己在偌大的公司里只不过是一个小小的齿轮，难免会萎靡不振。而如果能让员工觉得“不是这样的，自己能做的事情有很多，可以规划、研究、执行一切”，问题就能得到解决。这就是要保障自主性。那么该如何保障员工的自主性，让他们树立主人翁精神呢？那就是让员工参与决策过程。上司不要随心所欲地决策并将其通报给员工，而应通过提问询问员工的想法，这样就可以将员工的角色从旁观者转变为参与者。

某公司老板觉得公司不再像以前那样运转了，便把员工一个一个叫到办公室，并提出如下问题："金代理，现在公司处在困境中，你认为根本原因是什么？如果你负责经营，当务之急应该是什么？你觉得自己擅长什么、不擅长什么？"被问到这样的问题，员工们会怎么想呢？他们会觉得："什么？老板竟然问区区一个代理这样的问题，竟然听取我的意见！"员工们虽然会有点慌张，但是会感到十分自豪。

提问不花一分钱，是激励员工的最佳工具。如果上司问："你是怎么想的？如果你在我的位置，你想做什么？怎么做？"员工的心情会怎样呢？他们会有一种被尊重的感觉，觉得自己是被需要的，同时也会希望自己一定不能让上司失望。对员工的斥责也只有转化为提问才能发挥效果。当员工被责备时，他们很难会进行反思，觉得自己真的做错了，今后不能再这样了。较之于责备，领导不妨问问自己："我把目标传达清楚了吗？我有给员工提供必要的资源和时间吗？为使员工圆满完成任务，我有对他们进行充分培训吗？"如果这么问自己，就能减少随意训斥员工的事情的发生。

最优秀的领导力可以通过提问来实现。提问是打通交流通道的最有效手段。当被提问时，人们的心情会变好，并开始思考该怎么做。提问可以激励员工，交流彼此想法，并让公司充满活力。

“金代理，现在公司处在困境中，
你认为根本原因是什么？
如果你负责经营，当务之急应该是什么？”

提问不花一分钱，
是激励员工的
最佳工具。

当被询问自己的意见时，
人们的心情会变好，
并开始思考
该怎么做。

回应提问的四项原则

当我把授课当作职业，我发现自己会比其他任何人都更多地被问各种问题。虽然会有与课程相关的提问，但是也会被问及私人事情以及与我毫无关系的话题。我接受提问时有如下几个原则。

第一，提问之人都有用意，但是并不会将意图表露无遗。因此最好问一下提问人的意图。面试的时候也经常发生这样的事情。金老板一直在寻找与公司新业务相关的专家，终于在一次面试中找到了合适的人选。面试进行得非常顺利，他心想一定要录用这个人。最后金老板对应聘者说如果有疑问就请提出来，这位应聘者谈到了工资。一般情况下，应聘者即使对工资问题好奇也很少提及，尤其是在重要的面试场合更是如此。若是你们，会怎么回答这样的问题呢？

金老板觉得应聘者可能另有隐情，于是这样反问道："在这样的场合问薪资问题是有什么特别的理由吗？"随后，应聘者说起了自己的处境。他的父母因担保不当而负债累累，之前自己辞职也是想要用退休金偿还部分债务。金老板听后反过来这样建议："听了你的故事，我发现你的境况真的很窘困！有这样的债务问题，你应该很难投入工作。如果你在我们公司就职，经过一段时间相处，我们建立信任后，公司可以给你提供无息贷款怎么样？"结果当然是实现双赢，公司招揽到优秀人才，而应聘者也解决了债务问题。

第二，没有必要对所有问题都做出回答。有些人只是习惯性地提问，并不是因为好奇而发问，更多的是想表现自我。这样的人会长篇大论地自我介绍，说自己看过什么书，在国外某某地方生活过，等等。这就浪费很多时间。如果有人这样提问，我就会反问道："所以你想问的重点是什么？”因为在众人面前，我不可能一直听他说。这样的问题焦点不明，就连提问的人都不知道想问的是什么。在这样开头较长的提问中，没有几个有价值的问题。

第三，问题比较模糊时，可以通过反问，抓住其明确含义。我们周围有很多人自己都不知道自己在说什么，东一榔头西一棒子。这是语言表达能力显著下降的表现。这样的人虽然有想说的，但是无法准确表达，自己也很郁闷，而作为听者的我则更加郁闷。有时候，他自己对于想要问什么有点感觉，这时我就会反问道:“你是不是想问这个？”然后很多情况下对方都会回答“是的”表示同意。这样明确了问题，那么回答起来也很容易。

第四，提问超出范围，此时我会郑重地谢绝回答。不久前，有人问起我对韩国教育的问题及其对策的看法。这与教学主题毫不相关，既不是我能回答的领域，而且就算我知道，在短时间内我也无法回答。于是我礼貌地拒绝了这个问题，表示它超出了我的水平。

我们无法对所有问题都做出回答，并且也没有人足够聪明，能够回答所有问题。有时，一个问题的最佳答案就是另一个问题，所以我们可以用提问来回答问题。

通过提问限制条件

我曾见过一位会展企业的老板，他虽然年纪不小了，但因能力过人，所以至今仍然活跃在工作岗位上。我问他从谁那儿学到工作本领、如何在现在的工作中积累专业知识。他思考片刻，这样回答：

“我曾在韩国贸易协会工作，有过各种经历。在成为协会领导后，我虽然也做过与会展相关的业务，但是并没有特别大的兴趣。因为年度计划、预算分配、负责人总是十分明确，所以大家只要各司其职即可。后来有一天，新来的会长要求在没有预算的情况下举办秋季菊花展。他说有钱谁都能办展会，但是没钱也应该同样能举办一场精彩的展览会。刚开始我觉得这简直不可思议，又不是花自己的钱，为什么要取消原有的预算呢？对此我根本无法理解，但是又没有办法，于是我和工作人员左思右想、绞尽脑汁。我问了这样一个问题：没有钱怎样才能办好一场展会呢？俗话说穷则变，变则通，经过一阵头脑风暴，我们意外地发现有很多办法。一些企业和地方自治团体表示即使缴纳参展费也愿意参加。于是我们把场地租出去，参展商们自掏腰包办展览。那年的展会虽然未花一分钱，但却被评为历届之最。”

结果竟是因为没钱才取得成功，这就是限制条件产生的力量。

有些话我们经常挂在嘴边，如“这件事我虽然想做，但是预算不足、没有人手、时间不够，所以做不了”。这听起来合理，但是对错均半。世界上没有哪个人或公司做事时可以万事俱备，每个人都有自己的限制。虽然可能会因为条件受限而无法开展工作，但是因限制而出色完成任务的情况也很多。所以从这个意义上来说，为了提高工作效率，我们必须提出问题来限制办事的条件。如果提出的问题可以去除自己所拥有的条件、创造更加困难的条件、将现有的动力减半等，可能会有意想不到的收获。那么这样的提问有哪些呢？

第一，提出限制时间条件的问题。我在汽车公司工作时，研发周期一般为 4 年，现在回想起来已是非常久远的事了。听说现在只用当时 1/3 的时间进行研发。缩减研发时间意味着减少研发费用，所以这对企业而言非常重要。是不是提供更多的时间就能做得更好呢？这是一个大大的错觉。给予无限时间并不意味着就能打造一款无懈可击的产品。

事实上，工作效率下降的主要原因正是时间过多。从事职业写作的我，当被时间追赶时，工作效率最高。如果说明天凌晨之前不交稿就会出大事的话，那我一定可以写出最好的文章。体育也是如此，体育通过限制时间来提升紧张感。最初，篮球并不那么受欢迎。后来，1954 年出台了“24 秒规则”。这一时间限制要求球员在进攻开始后的 24 秒内投篮，否则就要将球权交给对手。这不仅增强了球员们的活力，提高了他们的实力，而且篮球这项运动也得到了极大的发展。如果将这样的时间限制应用在商业领域会如何呢？例如，让员工每周只工作

3 天，但要取得和现在同样的业绩，那么工作效率会发生怎样的变化呢？结果颇令人好奇。

第二，提出限制空间条件的问题。我不喜欢说话拖泥带水的人，也不喜欢长篇大论的文章，西方的图书里有很多这样的书，评论太过冗长，乏善可陈。如果人为地减少文章或书籍的分量，会有什么变化呢？推特之所以受欢迎，就是因为“140 字以内”的推文限制。要将内容精减，则需深思熟虑，去除不必要的内容，缩减想要说的话。空间也是如此。日本人住房面积不大，促使他们在空间利用方面的经验很发达。他们高效利用狭小的住房空间，达到了立身之境。为了减少空间，应该提出什么样的问题呢？如果要求所有的报告字数限制在一页以内，所有的会议时长限制在 10 分钟之内，现在的办公室面积缩减一半，会怎么样呢？那么将会带来巨大的创新。

第三，提出减少费用条件的问题。不！光减少还不行，应当问问自己如何只花现有预算的一半或者 30% 来做这件事。稍微改进一点是实现不了创新的，创新常常是在提出非常无理的要求时才会产生。宜家管理层曾要求做一张 5 美元的桌子，这简直是荒谬的无理要求。但是大家又不得不做，于是问题就不一样了。他们只提了一个问题：如何用此前从未用过的方法制作一张非常便宜的桌子？最终，他们把门切成两半做成桌子，底下用桌腿固定，从而解决了问题。

我一生都在听别人说有关“减少、缩减”的话题，如精简文件、缩短开发时间、节约成本、节省空间等。所以我本能地对限制持反感态度，但是想法却又因此而改变。仅仅是普通的缩减是不够的，应该减少到别人无法想象的程度。只有这样，才能提高工作效率。那么，提出什么样的问题才能既减少反感，又带来健康的制约呢？这就由大家自己定夺了。

我们总说预算不足、

没有人手、时间不够，

所以做不了。

但是不可能万事俱备。

如果提供无限的时间

事情就能做得更好吗？

这是一个大大的错觉。

转换视角的提问

有三种提问习惯可以让我们用陌生的眼光审视熟悉的概念。

第一种是提问事物之间的“共同点”。首先我给大家出一个谜题：夫妻关系不好的人、音痴、不能即兴讲话的人的共同点是什么？是不是觉得看起来没有什么关系？然而并不是，答案是“倾听”。上述三类人群都是不会倾听之人。如果在伴侣说话的时候，另一方在看报或者心不在焉地回答，那么夫妻关系就会恶化。倾听是人际关系最重要的前提条件。音痴听不到别人发出的声音，不管别人声音如何，都只发出自己想发的声音。治疗音痴的办法就是把水桶套在他的头上，让他发声。

这是为了让他听到他自己发出的声音。最后，为了做好即席讲话，必须仔细聆听前面的人的发言，这样讲话才能做到一脉相承。虽然上述几种情况看起来完全是风马牛不相及，但是如果问“这里有什么共同点呢”，就可以获得新的见解。

第二种是提问事物的“反义词”。“领导”的反义词是什么呢？有人会回答说是“追随者”“管理者”，但这并不是我想要的回答。我认为正确答案是“个人成就者”。领导力的定义就是通过他人实现公司目标，领导必须能够鼓舞人心，以实现公司的目标。而有些人只擅长做自己的事情，这与鼓舞他人实现公司目标是完全不同的。因此，“领导”的反义词是“个人成就者”。这个回答怎么样？是不是让我们对领导力有了新的见解？这就是反义词的效用。我再问一个问题：“爱”的反义词是什么呢？一般大家都会回答是“恨”，其实不是。“爱”的反义词是“漠不关心”。

第三种是提问事物的“区别”。“入神”和“接神”*

* 韩国巫俗的一种概念。——译者注

的区别是什么呢？二者相似吗？其实不是。二者虽然都指达到神的境界，但是实现方式却不同。“接神”是神走向自己，不是依靠自身努力，而是借助外力。“入神”是靠自己的力量接近神，需要付出很大的努力。“平安”和“便安（韩语的‘便安’即安康无恙）”有什么差别呢？“平安”关乎心灵，“便安”关乎身体。即使身体抱恙，但仍然可以做到内心平安祥和；相反，身体无恙但内心却可能会不得安宁，所以两者是不同的。最后一个问题是，“改革”和“革命”有何区别呢？关键词是“敌人”。改革看不见敌人，要和无形的敌人作斗争；而革命却可以看到敌人，且敌人非常明确，因此战斗更容易。这就是为什么改革比革命更加困难。

提问的目的之一就是为了明确概念。在互相提问的过程中，曾经模糊的想法会变得更加清晰。同样，如果就事物之间的共同点、反义词、区别进行提问，那么曾经熟悉的概念也会显得陌生，从而可以获得新的见解。